Nicole Pathé

Vom Mitarbeiter zum Mitgestalter

W0178815

Nicole Pathé

Vom
MITARBEITER
zum
MITGESTALTER

Wie Sie sich mit KLARHEIT und COURAGE in unserer ARBEITSWELT behaupten

Mit einem Vorwort von René Borbonus

Bibliografische Information der Deutschen Nationalbibliothek

Die Deutsche Nationalbibliothek verzeichnet diese Publikation in der
Deutschen Nationalbibliografie; detaillierte bibliografische Daten
sind im Internet über http://dnb.d-nb.de abrufbar.

ISBN 978-3-86936-933-4

Lektorat: Susanne von Ahn, Hasloh
Umschlaggestaltung: Martin Zech Design, Bremen | www.martinzech.de
Autorinnenfoto: Fotostudio Lichtblick, Bonn
Satz und Layout: Das Herstellungsbüro, Hamburg | www.buch-herstellungsbuero.de
Druck und Bindung: Salzland Druck, Staßfurt

Wir drucken in Deutschland.

www.gabal-verlag.de
www.twitter.com/gabalbuecher
www.facebook.com/Gabalbuecher

PEFC zertifiziert
Dieses Produkt stammt aus nachhaltig
bewirtschafteten Wäldern und kontrollierten
Quellen.
www.pefc.de

Inhalt

Vorwort: Klarheit statt Kristallkugel

Haben Sie eine Ahnung, wie genau Ihr Job in fünf Jahren aussehen wird? Falls ja: Herzlichen Glückwunsch, denn dann sehen Sie klarer als die meisten Menschen. Falls nein, sind Sie in bester Gesellschaft. Wenn man bedenkt, wie wichtig die Zukunft der Arbeit für jeden von uns ist, wissen wir eigentlich noch erschreckend wenig darüber, finden Sie nicht? Aber das hält uns nicht davon ab, uns eine Menge Gedanken darüber zu machen. Gedanken über Digitalisierung, Roboter, künstliche Intelligenz und viele andere Dinge, über die wir noch nie zuvor nachdenken mussten.

Wenn wir ehrlich sind, ist die Arbeitswelt der Zukunft für uns vor allem eines: unklar. Und auf Unklarheiten reagieren wir Menschen nun einmal mit Unsicherheit, auch und gerade in der Kommunikation. Das führt dazu, dass die Diskussion über die Arbeitswelt der Zukunft oft nicht etwa zur Klarheit beiträgt, sondern die Unklarheit weiter schürt. Bis zu 50 Prozent aller Jobs fallen durch die Digitalisierung weg, sagen die einen. Die Digitalisierung ist der reinste Job-Motor, sagen die anderen. Die Algorithmen werden uns an vielen Schnittstellen einfach ersetzen, behaupten manche Digital-Experten; die Technik wird sich den Menschen anpassen, halten Personal-Experten dagegen. Wer jetzt nicht umschult, fällt am Arbeitsmarkt hinten runter, sagt mancher Karriereberater; wir machen erst mal weiter wie gehabt, sagt der eigene Vorgesetzte.

Wer blickt da schon durch? Wir sehnen uns nach Klarheit – doch genau an Klarheit fehlt es in dieser Debatte am meisten.

Deshalb freue ich mich über dieses Buch. Nicht nur, weil es mit vielen Unklarheiten über die Arbeitswelt der Zukunft auf der Sachebene aufräumt. Sondern auch, weil Nicole Pathé sich nicht vor klaren Ansagen scheut. Klarheit und Courage fordert sie als Haltung in der Arbeitswelt der Zukunft ein; klar und couragiert hat sie dieses Buch geschrieben.

Nicole Pathé bringt auf den Punkt, was wir alle wissen wollen: Wie verändert sich die Art, wie wir arbeiten? Was kratzt mich VUKA, und wenn ja, an welchen Stellen? Wie geht es mit meinem Job morgen weiter? Und was kann ich tun, damit ich nicht zum Opfer der VUKA-Welt werde, sondern meinen Arbeitsplatz in der Zukunft selbstbestimmt mitgestalten kann?

Nur wer weiß, was er von seiner Arbeit erwartet, kann Klarheit über die eigene Zukunft gewinnen: Das ist eine der herausfordernden, aber auch erfreulichen Botschaften dieses Buches für mich. Erfolg bei der Arbeit sieht für jeden anders aus; er wird morgen noch individueller sein als heute.

Hier liegt eine Parallele zwischen der Klarheit über die eigene Arbeit und der Klarheit in der Kommunikation: Nur wer weiß, was ihm wichtig ist und welche Botschaften er aussenden will, kann sie auch in deutlichen Worten kommunizieren. Und nur wer weiß, welcher Berufung er folgt und was er erreichen will, kann die Möglichkeiten der Arbeitswelt – Digitalisierung, VUKA und all die anderen Trends und Entwicklungen – in seinem Sinne interpretieren und nutzen.

Ich schätze es sehr, dass die Kommunikation in diesem Buch immer wieder als Gradmesser herangezogen wird. So helfen dem Leser seine eigenen Gedanken, Aussagen, Urteile und Schlüsselwörter über die Arbeitswelt, einzuschätzen, wo er auf dem Weg zur Arbeit der Zukunft steht – und welche Richtung er einschlagen kann. Die eigenen Worte ernst nehmen: Auf diese Weise zeigt uns die Autorin, wie wir uns die Signalwirkung der menschlichen Kommunikation im Alltag zunutze machen können. Denn die Art, wie wir reden, sagt viel darüber aus, wer wir sind und wie wir handeln werden.

Dass Klarheit nicht nur auf der persönlichen Ebene gefragt ist, sondern auch auf Unternehmensebene, ist eine weitere These, die ich gern unterschreibe. Mitarbeiter nehmen sich – auf die eine oder die andere Art – ein Beispiel daran, wie ihre Führung kommuniziert. Klarheit in Unternehmen, schreibt Nicole Pathé, impliziert eine »Hol- und Bringschuld – von Mitarbeitern und Führungskräften«. Das ist ein Impuls, dessen Bedeutung gar nicht überschätzt werden kann. Die Informationen, die uns zur Verfügung stehen, sind die Grundlage für die Entscheidungen, die wir treffen. Unsere zwischenmenschlichen Beziehungen sind einer der größten Einflussfaktoren, wenn nicht der größte Einflussfaktor auf unsere Zufriedenheit und Leistungsfähigkeit. Und diese Beziehungen wirken sich sogar direkt auf unsere Gesundheit aus. Beides, Informationen und Beziehungen, steht und fällt mit klarer Kommunikation.

Alles, was wir uns von der Arbeitswelt der Zukunft erhoffen, ruht auf einem Fundament der Klarheit. Und alles, was wir befürchten, ist eine Folge von Unklarheit.

Die acht Prinzipien für mehr Klarheit und Courage, die Nicole Pathé uns für die Arbeitswelt der Zukunft an die Hand gibt, sind ein Rundumschlag der Selbstbestimmung. Wer sie beherzigt, muss keine Sorge haben, zum Opfer der VUKA-Welt zu werden. Vielmehr steuert er das Boot selbst, in dem er sitzt. »Reden Sie Tacheles!«, lautet eines der Prinzipien. Das gefällt mir an diesem Klarheits- und

Courage-Programm für die berufliche Zukunft so gut: dass die Kommunikation im Allgemeinen und der Mut zur klaren Kommunikation im Besonderen ganz explizit dazugehören.

Jeder von uns sucht auf seine individuelle Weise Erfüllung in seiner Arbeit. Und unsere Zufriedenheit steuern wir in hohem Maße über unsere Kommunikation. Wer dem zustimmen kann, wird dem Ansatz dieses Buches begeistert folgen und sich mithilfe der Autorin selbstbestimmt seinen Weg durch die vielen Unklarheiten über die Arbeitswelt der Zukunft bahnen können.

Dieses Buch ist die Initialzündung, damit die Debatte über die Zukunft unserer Arbeit eine konstruktive Form annimmt: Klarheit statt Kristallkugel.
Kommen Sie gut an!

Ihr
René Borbonus

Einleitung: Klarheit und Courage, der Kompass für Ihren Erfolg

Was geht Ihnen durch den Kopf, wenn Sie die Worte »Change«, »VUKA-Welt« und »Digitalisierung« hören? Bei vielen Menschen lösen die Begriffe Unbehagen aus, für viele sind sie sogar angstbesetzt. Sie wecken das Gefühl, einer Arbeitswelt ausgeliefert zu sein, die der Einzelne kaum beeinflussen kann. Die wenigsten können ihren Job heute noch in der Weise ausüben wie vor zehn Jahren.

Prozesse und Arbeitsweisen haben sich verändert, sind schneller und komplexer geworden. Die Arbeitsbelastung pro Arbeitnehmer steigt immer mehr an. In den Social-Media-Kanälen grassieren lustig gemeinte Sprüche

Oh nein, schon wieder Montag!

und Empfehlungen gegen den Montags-Blues oder positiv ausgedrückt: Tipps für die Montags-Motivation. Anscheinend freut sich heute kaum jemand mehr darauf, nach einem freien Wochenende montags wieder zur Arbeit zu gehen.

Wie kann es gelingen, sich unter diesen Rahmenbedingungen so zu verhalten, dass der eigene Arbeitsplatz eine Quelle der Zufriedenheit bleibt? Ich bin davon überzeugt, dass unsere Arbeitswelt viele Chancen bietet und jeder Arbeitnehmer, unabhängig von seiner Rolle und Funktion, einen erheblichen Einfluss auf die Ausgestaltung seines Jobs hat. Voraussetzung ist, sich aktiv mit der eigenen Person und Situation auseinanderzusetzen und für seine Interessen einzustehen. Um diese Voraussetzung erfolgreich erfüllen zu können, braucht es zwei grundlegende Kompetenzen: Klarheit und Courage.

Die Schlüssel-faktoren erfolgreicher Arbeitnehmer

Klarheit und Courage haben zu jeder Zeit und in jeder Arbeitswelt eine große Rolle gespielt und gleichzeitig bin ich davon überzeugt, dass beide Fähigkeiten noch nie so wichtig waren wie heute. Courage ist nicht als ein Synonym von Mut zu verstehen, denn Courage erfordert noch ein Stückchen mehr Charakterstärke als Mut: Sie drückt einen inneren Prozess aus, eine Haltung, die dazu führt, dass ein Mensch zu sich steht. Es geht demnach nicht um eine Art Mutprobe oder eine oft einmalige Handlung, für die ich meine Angst überwinden muss. Es geht um eine nachhaltige und dauerhafte innere Einstellung.

Doch gehen wir zunächst näher auf unsere aktuelle Arbeitswelt ein, die gerne mit dem Begriff »VUKA« beschrieben wird. VUKA (**V**olatilität, **U**nsicherheit, **K**omplexität, **A**mbiguität) verlangt die Bereitschaft, unsere Arbeitswelt in ihrer Realität zu akzeptieren und entsprechende Kompetenzen zu entwickeln. Wem das gelingt, der entdeckt die Chancen, die die VUKA-Welt bietet, ohne sie als Bedrohung zu empfinden.

 **Chancen zu erkennen und zu ergreifen setzt voraus, dass ich mir klar darüber bin, was ich will, und die Courage aufbringe, mich dafür einzusetzen.**

Wem es jedoch an Klarheit oder Courage fehlt, der sieht in jeder Veränderung eine Bedrohung und macht sich zum Opfer seiner

Arbeitsumgebung. Mit der Opferhaltung werden Mitarbeiter zum Verlierer jeder Restrukturierung, zum Blockierer von Change-Projekten und zum Spielball ihrer Kollegen und Führungskräfte. Sich den Anforderungen und Veränderungen ausgeliefert zu fühlen, passt nicht in eine Arbeitswelt, die Selbstbewusstsein und Flexibilität verlangt.

Mitarbeiter von heute sind mehr denn je Mitgestalter und Mitdenker. Sie verstehen sich als wichtigen Teil des Unternehmens, in dem sie beschäftigt sind. Ich bezeichne diese Mitgestalter gerne als »TOP-Arbeitnehmer«. Da-

Vom Mitarbeiter zum Mitgestalter und TOP-Arbeitnehmer

bei plädiere ich nicht für das Etablieren einer neuen Marke oder eines Gütesiegels, sondern werbe für ein Selbstverständnis, mit dem Mitarbeiter den Anforderungen unserer Arbeitswelt angemessen begegnen. Beschäftigte werden nicht dadurch TOP-Arbeitnehmer, dass jemand kommt und ihnen eine entsprechende Auszeichnung überreicht. Es geht vielmehr um die innere Haltung und das daraus resultierende Verhalten eines Arbeitnehmers, der Verantwortung für seinen persönlichen Erfolg und für seinen Anteil am Erfolg des Unternehmens übernimmt, für das er tätig ist. Dabei orientiert sich der persönliche Erfolg an den individuellen Vorstellungen des Einzelnen. Für den einen bedeutet Erfolg, eine Führungsposition zu bekleiden, für den anderen, die Aufgabe als Sachbearbeiter in Teilzeit zu bewältigen. Für den Dritten ist es ein Erfolg, dem Chef den Rücken frei zu halten, ohne dabei selbst in vorderster Linie zu stehen. Eine Vorstellung zu entwickeln, was jemand unter Erfolg versteht, ist demnach ein wichtiger Teil der Klarheit, die es zu erlangen gilt.

Der TOP-Arbeitnehmer hat darüber hinaus ein ausgeprägtes Bewusstsein seiner selbst und versteht gleichzeitig, was im Unternehmen läuft. Diese beiden Ebenen der Klarheit nutzt er, um seine

Sichtweisen und Gedanken in das Unternehmen einzubringen, unabhängig von seiner Funktion und Rolle im System. Doch wie die Klarheit erlangen und woher den Mut nehmen? Die gute Nachricht: Jeder, der Klarheit über sich und sein berufliches Umfeld gewinnen möchte, kann dies tun. Die noch bessere Nachricht: Je mehr Klarheit jemand über sich und sein Arbeitsumfeld hat, desto größer werden Wunsch und Bereitschaft, dafür einzustehen. Das bedeutet, die Investition in Klarheit ist gleichzeitig eine Investition in Courage.

Acht Prinzipien für mehr Klarheit und Courage

Jeder Arbeitnehmer, der diese Investition für mehr persönlichen Erfolg und innere Zufriedenheit tätigen möchte, tut gut daran, sich an den acht Prinzipien für Klarheit und Courage zu orientieren:

1. Reden Sie Tacheles!
2. Holen Sie sich Antworten!
3. Machen Sie, was Sie wollen!
4. Finden Sie Ihren Platz!
5. Seien Sie auch mal illoyal!
6. Bleiben Sie sich treu!
7. Machen Sie Ehrlichkeit und Offenheit zu Ihren Stärken!
8. Hinterfragen Sie sich!

Sie werden feststellen, dass die Umsetzung viel einfacher ist, als Sie glauben. Wie so oft im Leben geht es darum, den ersten Schritt zu machen und anzufangen. Dieses Buch kann Ihnen dabei helfen. Es erleichtert Ihnen die Entwicklung vom *Mit-Arbeiter* zum *TOP-Arbeitnehmer* und stärkt Sie in diesem Selbstverständnis. Durch eine Selbstreflexion am Anfang erfahren Sie zunächst, welcher Arbeitnehmertyp Sie aktuell sind: eher ein »Undercover-Mitarbeiter«, ein »Mitläufer« oder »Mitgestalter«? Sie lernen, Klarheit und Courage als Kompass für Ihre berufliche Zufriedenheit und für Erfolg zu nutzen, mit feigen Vorgesetzten und Kollegen umzugehen, klares Feedback zu geben, Kritik und Offenheit richtig zu dosieren und – wenn nötig – im richtigen Moment die Reißleine zu ziehen. Sie bekommen Methoden und Werkzeuge, um ein TOP-Arbeitnehmer in der neuen Arbeitswelt zu werden – ein Mitgestalter, der versteht, was im Unternehmen oder in seinem Team abläuft.

Dieser Anspruch, sich selbst und das Unternehmen, in dem Sie arbeiten, weitgehend zu durchdringen, ist eine spannende und bereichernde Aufgabe. Neben den acht Prinzipien für Klarheit und Courage helfen praxisnahe Modelle, die erklären, warum sich bestimmte Dinge so und nicht anders darstellen. Dadurch wird das Verstehen einfacher, weil man Kenntnisse über Menschen und typische Abläufe in Unternehmen gewinnt. Wie funktionieren Veränderungsprozesse und warum ist der Widerstand gegen die Veränderung oft groß? Was macht es manchmal so unglaublich schwer, im Team zu arbeiten? Woran liegt es, dass die Zusammenarbeit mit einigen Chefs und Kollegen sehr gut und mit anderen gar nicht klappt? Wie lassen sich Konflikte in einem möglichst frühen Stadium lösen? Das sind nur einige Fragen, die sich Menschen in Unternehmen stellen. Dieses Buch liefert Antworten darauf.

Wappnen Sie sich also für die Arbeitswelt und machen Sie sich erfolgreich: indem Sie sich selbst kennenlernen und begreifen. Denn wer klar erkennt, wer er ist, was er will, welche Potenziale in ihm stecken, und zudem noch die Courage aufbringt, zu sich zu stehen, der hat die besten Voraussetzungen, ein TOP-Arbeitnehmer zu werden.

Wappnen Sie sich für die Arbeitswelt!

Ich wünsche Ihnen so viel Klarheit und Courage, dass Sie mit Überzeugung sagen können: Ich bin im Wesentlichen selbst verantwortlich für meine berufliche Zufriedenheit und meinen Erfolg – und ich freue mich, wenn wieder Montag ist!

Noch ein Hinweis im Hinblick auf die Lesbarkeit dieses Buches: Um Ihnen die Lektüre einfacher zu machen, habe ich überwiegend nur eine geschlechtsspezifische Form verwendet. Damit sind jedoch immer alle Geschlechter gemeint.

Viel Inspiration und Freude beim Lesen dieses Buches
wünscht Ihnen
Nicole Pathé

1. TOP oder FLOP – diese Arbeitnehmertypen beeinflussen die neue Arbeitswelt

Die neue Arbeitswelt steckt voller Möglichkeiten und Chancen, den eigenen Arbeitsplatz positiv mitzugestalten. Selbstverständlich hat der Gestaltungsspielraum Grenzen, denn paradiesische Arbeitsplätze gibt es nicht und auch der beste Job gibt immer mal Anlass für Unzufriedenheit. Doch solange die Phasen der Zufriedenheit überwiegen und die Arbeitszeit als Energiequelle dient, hat sie die Bedeutung, die ihr zusteht. Diese Bedeutung entsteht nicht von selbst, sie ist vielmehr das Ergebnis unserer Gedanken, Gefühle und Verhaltensweisen.

Selbstreflexion: Sind Sie *Feigling* oder *TOP-Arbeitnehmer*?

Woran denken Sie, liebe Leserin, lieber Leser, wenn Sie die Begriffe »neue Arbeitswelt«, »Digitalisierung«, »Transformation« und »Disruption« hören? Lösen die Worte eher Sorge, vielleicht sogar Angst aus oder wecken sie das Bewusstsein von Chancen, die sich eröffnen? Wer die Zeiten von New Work als Chance begreift, die gestalterischen Spielraum bietet, versteht sich nicht als Opfer, sondern als Mitgestalter seiner Arbeitszeit. Die zentralen Fragen der Gestaltung lauten »Wie will ich leben? und »Wie gestalte ich meinen Job so, dass ich mein Leben zufrieden führen kann?«. Das Beschäftigen mit diesen Fragen führt unweigerlich zu einer inneren Auseinandersetzung und der Suche nach Antworten. Dieser Prozess ist eine typische Facette des Mitgestalters unserer Arbeitswelt.

TOP-Arbeitnehmer gestalten sich und ihr Umfeld

Menschen, die sich darüber im Klaren sind, dass sie die Möglichkeit, vielleicht sogar die Pflicht haben, sich mit derartigen Fragen auseinanderzusetzen, bezeichne ich als TOP-Arbeitnehmer. Sie jammern nicht über die Entwicklung unserer Zeit oder fühlen sich als Opfer unserer Arbeitswelt. Denn wer das tut, verhält sich wie ein Feigling, der ängstlich abwartet, welcher Platz ihm in dieser Arbeitswelt zugewiesen wird. Und meistens ist das Ergebnis eine tiefe Unzufriedenheit, weil die eigenen Vorstellungen zwar unklar, aber definitiv andere sind.

TOP-Arbeitnehmer oder Feigling? Welche Haltung drücken Sie aus? Die folgenden Typen-Beschreibungen bieten Ihnen die Möglichkeit zur Selbstreflexion.

Anders als in einem Test geht es hier nicht um Bestehen oder Nicht-Bestehen. Es geht um das Herausfinden einer inneren Haltung, mit der Sie durch die Arbeitswelt und damit durch einen erheblichen Teil Ihrer Lebenszeit laufen. Je mehr Beschreibungen auf Sie zutreffen, desto höher ist die Wahrscheinlichkeit, dass der jeweilige Typ Ihrem aktuellen Denken und Handeln entspricht. Ein wichtiges Wort im zurückliegenden Satz ist »aktuell«, denn Ihr Denken und Handeln ist veränderbar.

 **Sie selbst bestimmen, ob und wann Sie Ihre Sicht der Dinge verändern wollen. Niemand anderer.**

Der Feigling

Hier folgen nun typische Gedanken eines Menschen, der Feigling ist, weil er sich als Opfer unserer Arbeitswelt sieht:

- Es kommt eh, wie es kommt. Da kann man nichts machen.
- Heutzutage muss man froh sein, wenn man überhaupt noch einen Job hat.

Typische Aussagen eines Feiglings

- Bei Mitarbeiterbefragungen bewerte ich meine Zufriedenheit immer hoch, obwohl das überhaupt nicht stimmt. Dann kommen wenigstens keine nervigen Rückfragen.
- Bei anonymen Mitarbeiterbefragungen kann ich endlich mal meine ganze Kritik rauslassen. Weiß ja eh keiner, dass ich es war.
- Ob ich hier meine Meinung sage oder nicht, interessiert doch sowieso niemanden.
- Alles wird noch viel schlimmer, als es heute bereits ist.
- Dieses ständige Hin und Her von Entscheidungen hat nur damit zu tun, dass die da oben keine Ahnung haben.
- In der heutigen Berufswelt kommt man am besten zurecht, wenn man den Mund hält und die Dinge über sich ergehen lässt.
- Woanders ist es auch nicht besser, daher bewerbe ich mich nicht.
- Was die da oben anweisen, muss man umsetzen. Da helfen keine Diskussionen.
- Wenn ich meine Meinung äußere, schade ich mir damit eher.
- Eines Tages haben wir alle keine Arbeit mehr, weil wir durch Roboter ersetzt werden.
- Meine jüngeren Kollegen tun mir aufgrund der allgemeinen beruflichen Perspektivlosigkeit einfach nur leid.

◆ Gute Jobs gibt es heutzutage kaum noch.

◆ Ich zähle oft die Stunden, bis endlich Feierabend ist.

Typisch Feigling: Alles ist schlecht

Solange solche Aussagen vereinzelt und selten getroffen werden, heißt das nicht, dass sich jemand als Opfer der Arbeitswelt sieht und als Feigling das Engagement für die Veränderung seiner Situation scheut. Die Häufigkeit und die Summe der Äußerungen sind entscheidend. Typisch für den Feigling ist grundsätzlich, dass er sich der Arbeitswelt ausgeliefert sieht. Sein Blick ist negativ, egal ob dieser in die Gegenwart oder die Zukunft gerichtet ist. Alles ist schlecht und alles bleibt schlecht.

Menschen, die ihre berufliche Situation durch diese Brille sehen, sind natürlich zutiefst unzufrieden im Job. Manche verleihen ihrer Unzufriedenheit Ausdruck, allerdings an falscher Stelle. Sie wenden sich an Kollegen, die jedoch wegen ihrer Rolle im Unternehmen nicht die passende Anlaufstelle für Kritik sind. Wer sich zum Beispiel darüber aufregt und neidisch ist, dass viele Kollegen Homeoffice-Arbeitsplätze nutzen, verändert nichts an seiner Situation, wenn er sich darüber ständig bei seinen Kollegen auslässt. Die richtige Adresse wäre der Vorgesetzte, doch der erfährt häufig gar nichts vom Wunsch des unzufriedenen Mitarbeiters.

Der Undercover-Mitarbeiter

Und damit sind wir bei einer Unterkategorie der Spezies Feigling in Unternehmen: den Mitarbeitern, die sich nicht wie TOP-, sondern wie FLOP-Arbeitnehmer verhalten. Sie tun dies, indem sie sich hintenherum, also hinter vorgehaltener Hand, über Dinge beschweren und Kritik üben. Ich bezeichne sie als »Undercover-Mitarbeiter«.

Sie bilden eine besondere Gruppe unter den Feiglingen, weil sie sich ganz bewusst an Personen wenden, die an den Wurzeln der Unzufriedenheit nichts verändern können. Das ewige Meckern bindet Arbeitszeit, zieht die allgemeine Stimmung nach unten und richtet somit regelrecht Schaden an.

Der Undercover-Mitarbeiter investiert enorm viel Energie in seine Hintenherum-Aktivitäten: Er setzt sich erst einmal gedanklich mit vermeintlichen Missständen auseinander, bewertet dabei fast alle Kontextfaktoren nega- **Typisch undercover: immer hintenherum** tiv, hält das Problem für schier unlösbar und entwickelt darüber immer mehr Frust. Schließlich sucht er sich Gesprächspartner, bei denen er seinen Ärger abladen kann, vorzugsweise Leidensgenossen oder Außenstehende, die wenig bis keinen Einfluss auf den Missstand haben. Während er sich durch sein Reden erleichtert, weiß er ganz genau, wie sinnlos sein Handeln in Bezug auf eine Veränderung ist. Doch das ist ihm egal. Ihm geht es erst einmal darum, die eigene schlechte Stimmung auf alle anderen zu übertragen. Wie schade, dass er diese Energie nicht an Stellen einbringt, die Lösungsperspektiven ermöglichen. Solche Stellen und Anlässe können ehrliche Antworten im Rahmen von Mitarbeiterbefragungen sein, Meinungsäußerungen in Meetings oder persönliche Gespräche mit Entscheidern und Vorgesetzten.

Der Mitläufer

Die Gruppe der Mitläufer gehört ebenfalls zur Spezies Feiglinge. Anders als der Undercover-Mitarbeiter hält sich dieser Arbeitnehmertyp **Mitläufer legen sich ungern fest** vollständig mit Kritik zurück. Es weiß keiner so recht, was im Kopf des Mitläufers vorgeht, was er von seinem Job und den Auswirkungen von Change-Prozessen hält. Wenn man ihn fragt, bekommt man entweder eine schöngefärbte oder eine nichtssagende Antwort, die keine wirkliche Meinung erkennen lässt. Das klingt dann etwa so: Auf die Frage »Ich habe gehört, dass vier Mitarbeiter der Buchhaltung gekündigt wurden. Wie schafft ihr eure Arbeit denn mit nur noch acht Leuten?« antwortet der Mitläufer nichtssagend: »Das läuft halt weiter.« Die schöngefärbte Version bringt auch nicht mehr Klarheit: »Die Stimmung bei uns in der Buchhaltung ist nach wie vor gut, und auf die Arbeitsmenge hat sich der Stellenabbau auch nicht ausgewirkt.« Aha!

Der TOP-Arbeitnehmer

Glücklicherweise gibt es sie, die Arbeitnehmer, die TOP sind, weil sie erkannt haben, welchen Einfluss sie auf die eigene Zufriedenheit, ihren persönlichen Erfolg und damit auf den Erfolg des Unternehmens nehmen können. Folgende Aussagen sind typisch für den TOP-Arbeitnehmer:

Typische Aussagen von TOP-Arbeitnehmern

- ◆ Ich äußere Kritik auch ungefragt.
- ◆ Ich rede *mit* anderen, nicht *über* sie.
- ◆ Lästern ist mir zuwider.
- ◆ Wenn mich wesentliche Dinge im Job stören, versuche ich diese zu verändern.
- ◆ Ich akzeptiere unsere Arbeitswelt als VUKA (volatil, unsicher, komplex und ambig).
- ◆ Gute Leistung ist mir wichtig.
- ◆ Unsere Arbeitswelt bietet viele Möglichkeiten.
- ◆ Ich sorge dafür, dass ich die für meinen Job notwendigen Kompetenzen up to date halte.

- Den perfekten Job gibt es nicht, aber ich bin mit meinem durchaus zufrieden.
- Wenn mir ein Job absolut nicht mehr zusagt, suche ich mir einen anderen.
- Ich weiß, was ich brauche, um zufrieden im Job zu sein.
- Ich bringe Verbesserungsvorschläge ein, wenn ich Ideen zur Optimierung von Arbeitsabläufen habe.
- Ich verstehe mich als Mitgestalter des Erfolgs meines Arbeitgebers.
- Ich gehe gerne arbeiten.
- Ich kläre Konflikte am Arbeitsplatz und gehe ihnen nicht aus dem Weg.

Erkennen Sie den Unterschied zwischen TOP-Arbeitnehmer und Feigling? Allein ihre Wortwahl lässt Unterschiede erkennen. Feiglinge verwenden häufig Wörter wie »man« oder »alle«, um sich hinter einer anonymen Allgemeinheit zu verstecken. Sie sehen in anderen die Verantwortung für ihre eigene Situation und Unzufriedenheit. Sie geben anderen die Macht, manövrieren sich in die Ecke der Passivität und wundern sich über die Ohnmacht, die sie dadurch spüren.

Erfolgreiche, glückliche und zufriedene Menschen übernehmen die volle Verantwortung für ihr Leben. Sie wissen, dass sie letztendlich die relevanten Entscheidungen selbst treffen und die Weichen für ihre Zufriedenheit stellen.

Was wollen Sie nun tun?

Wenn Ihre kritische Selbsteinschätzung ergeben hat, dass Sie bereits TOP-Arbeitnehmer sind – herzlichen Glückwunsch! Dann geht es für Sie nun darum, diese Haltung nachhaltig zu festigen.

Wenn das Ergebnis Ihrer Selbstreflexion eindeutige Tendenzen des Feiglings zeigt, ist es an der Zeit, die bewusste Entscheidung zu treffen: »Ich werde TOP-Arbeitnehmer.« Dabei geht es in erster Linie um rein egoistische Motive. Die primäre Absicht des TOP-Arbeitnehmers ist, sich selbst zufrieden zu machen. Nachrangig ist der Punkt, als Mitgestalter von Erfolg im Unternehmen wahrgenommen zu werden. Das ist ein Nebeneffekt, den der TOP-Arbeitnehmer mit seinem Verhalten erzielt, nicht sein Hauptmotiv. Die Entscheidung, TOP-Arbeitnehmer werden zu wollen, ist der erste wichtige Schritt. Er leitet eine Entwicklung ein, die Klarheit und Courage verlangt: Klarheit ist der Kompass, Courage der Motor, der die Kraft für die Umsetzung gibt.

Wie sich die einzelnen Mitarbeitertypen im Arbeitsalltag zeigen und auswirken, beschreibt die folgende Situation, mit der sich sage und schreibe fünf Mitarbeiter mehrere Monate herumquälten.

Beispiel: So verhalten sich die Arbeitnehmertypen in der Praxis

»Ich bin auf die Neue gespannt«, sagte Herr P. an einem Freitagnachmittag, während er sich von seinen Kollegen ins Wochenende verabschiedete. »Wir auch!«, tönte es aus den Büros der anderen. In der Tat waren die vier Mitarbeiter der Niederlassung eines Personaldienstleisters recht gespannt auf die neue Kollegin, die am Montag ihre Arbeit aufnehmen würde.

Gut war, dass sie aus der Branche kam und sich daher bestimmt schnell einarbeiten würde. Und so war es auch. Frau C. fand sich schnell in ihrem neuen beruflichen Umfeld zurecht und ihre Erfahrung war spürbar. Sie kannte die aktuellen Herausforderungen des Arbeitsmarkts: Fachkräftemangel und sich schnell verändernde Jobanforderungen machten es oft nicht leicht, vakante Stellen der Kunden zeitnah zu besetzen. »Da muss man gut vernetzt sein, sowohl in Bewerberkreisen als auch mit den ansässigen Unternehmen«, sagte sie immer wieder im Austausch mit Kollegen. »Darauf hat mein vorheriger Arbeitgeber großen Wert gelegt. Ich war mindestens drei Viertel meiner wöchentlichen Arbeitszeit vor Ort bei Firmen oder Veranstaltungen mit potenziellen Bewerbern. Die Bundesagentur für Arbeit bietet da ja zum Beispiel einige Events an.«

»Hm«, dachten die Teamkollegen. »Das geht bei uns nicht, denn jeder Personaldisponent hat neben der reinen Vertriebstätigkeit eine Menge administrativer Aufgaben zu erledigen, zum Beispiel das Erfassen der Daten neuer Kunden oder das Einstellen der Profile von Bewerbern. Das ist ja gar nicht zu schaffen, wenn ein Personaldisponent 80 Prozent seiner Arbeitszeit draußen verbringt.« Das *dachten* sie, aber sie *sagten* es nicht. Den Worten der neuen Mitarbeiterin folgten Taten, und so war es nicht überraschend, dass Frau C. tatsächlich in der Regel vier von fünf Arbeitstagen außerhalb des Büros verbrachte. »Die spinnt doch!«, echauffierte sich Herr P., »wenn das jeder von uns machen würde, wäre die Niederlassung leer.« »Und noch viel schlimmer finde ich, dass sie ihre Büroarbeiten kaum schafft. Guck dir mal ihren Schreibtisch an. Der wimmelt von tausend Unterlagen, nicht im System erfassten Bewerberprofilen und lauter handschriftlichen Notizen, die nur Frau C. lesen kann«, ergänzte Frau T. »Dass unser Chef das nicht sieht, verstehe ich nicht. Der müsste doch dazwischenfunken und ihr deutlich sagen, dass in unserer Firma ein Personaldisponent beides tun muss: das Geschäft vor Ort akquirieren *und* das Backoffice erledigen. Rosinen rauspicken und nur das eine von beidem machen funktioniert nicht«, fügte sie hinzu. »Wie soll der Chef das auch mitkriegen? Er ist doch wegen des Sonderpro-

Verhalten der Undercover-Mitarbeiter

jekts dauernd in der Zentrale. Der wird das erst merken, wenn das zu Ende und er wieder regelmäßig hier ist. Der hätte Frau C. sonst schon längst zurechtgewiesen«, antwortete Herr P. In diesem Moment kam Frau C. in den Sozialraum, um sich einen Kaffee am Automaten zu ziehen. Das Gespräch zwischen Herrn P. und Frau T. verebbte schlagartig.»Störe ich?«, wollte Frau C. wissen, der die plötzliche Stille auffiel.»Nein, überhaupt nicht. Wir sprachen darüber, dass unser Chef so viel unterwegs ist und hier vieles gar nicht mehr mitkriegt.«»Ja«, antwortete Frau C., während der Automat ihre Tasse mit Kaffee füllte.»Mir ist auch aufgefallen, dass ich ihn kaum gesehen habe, seit ich hier arbeite.«

Auch ohne zu wissen, wie diese Geschichte weitergeht, ist klar, dass dieser Weg kein guter ist. Die Beteiligten sind gefangen in ihren Gedanken und Bewertungen des Sachverhalts. Sie zeigen sich problem- statt lösungsorientiert. Herr P. ist offensichtlich unzufrieden mit dem Verhalten seiner neuen Kollegin. Gleiches gilt für Frau T. Beide tauschen sich über das Verhalten von Frau C. aus, ohne sie miteinzubeziehen. Das nennt man tratschen, hinter dem Rücken reden, kneifen. Letzteres deswegen, weil es feige ist, Probleme an dem Menschen vorbei zu besprechen, der sie vermeintlich auslöst. Wenn das Verhalten von Frau C. kritisch gesehen wird, ist dies an Frau C. zu adressieren – und nicht an Kollegen, die nicht für das kritisierte Verhalten verantwortlich sind. Was hilft es, wenn Herr P. seiner Kollegin sagt, dass die Neue sich bedenklich verhält? Und wem hilft es, wenn Frau T. die Sache noch toppt und zusätzlich betont, dass der Chef nichts mitkriegt, weil er nie vor Ort ist? Niemandem. Im Gegenteil: Zwei Kollegen haben sich Luft gemacht, ihrem Ärger oder Frust Platz verschafft, ohne irgendeine Veränderung der Situation zu ermöglichen. Keiner kriegt etwas davon mit – nicht vom Ärger, nicht vom Frust, erst recht nicht vom Problem und am allerwenigsten von einem Lösungsansatz. Nach dem Gespräch ist vor dem Gespräch, heute ist wie gestern: Nichts hat sich verändert.

Dieses Verhalten ist typisch für Undercover-Mitarbeiter: unverbindliche Worte, null Auswirkung.

Wie bequem, wie verantwortungslos, wie feige!

Schauen wir, wie es in der Niederlassung weiterging. »Aber Ihre Kollegin hat gesagt, Sie hätten einen Schweißer für uns!«, tönte die empörte Stimme des Kunden durchs Telefon. Frau E. kannte weder die Firma des

> Mitläufer sind wie Gaffer: gucken und nichts tun

Anrufers noch den Anrufer selbst. Von einem Schweißer im Bewerberportfolio hatte sie ebenfalls keinerlei Kenntnis. Dank ihrer Erfahrung und Kompetenz schaffte sie es dennoch, professionell mit der Situation umzugehen. »Wenn Frau C. Ihnen gesagt hat, dass wir einen Schweißer für Sie haben, dann ist das auch so. Ich kläre noch heute, woran es liegt, dass Ihnen die entsprechende Bewerbung nicht zugegangen ist.« Frau E. war genervt. Es war nicht das erste Mal, dass sie Anrufe von Kunden bekam, die von irgendetwas sprachen, was mit Frau C. abgesprochen schien, sich Frau E. aber nicht erschloss. »Was macht diese neue Kollegin eigentlich den ganzen Tag? Sie ist dauernd unterwegs und ständig rufen Leute an, die erzählen, dass Frau C. irgendwelche Zusagen getroffen und dann nicht eingehalten hat. Und ich weiß von nichts, bekomme keinerlei Infos von Frau C. Bin ja nur die aus der Telefonzentrale. Ätzend!« Schlecht gelaunt notierte Frau E. auf einem Notizzettel: »Anruf Herr X von der Firma Z wegen Bewerbung Schweißer. Bitte zurückrufen.« Diesen Zettel legte sie Frau C. auf den Schreibtisch. »Irgendwann wird sie ihn schon finden, wenn sie mal wieder in der Niederlassung ist.« Mit diesen Gedanken hakte sie das Thema ab. Wann Frau C. den Kunden anrufen würde, interessierte Frau E. nicht. Welche Außenwirkung sie selbst bei dem Kunden erzielte, weil sie keine Antworten auf seine Fragen hatte, war ihr egal. Die Gefahr für die Niederlassung und die Angestellten erkannte

sie nicht. Wie sollte sie das auch erkennen, wenn sie nicht hin-
schaute?

 **Weggucken und abwarten, was wirklich ist – das ist typisch
für Mitläufer. Sie nehmen hin, was kommt, verschließen
die Augen vor dem, was kommen könnte, und fühlen sich
ohnmächtig, wenn etwas eintritt, was sie nicht erwartet
haben.**

»Es kommt doch eh, wie es kommt, egal, was ich tue«, lautet das
Motto der Mitläufer.

**Verhalten der TOP-
Arbeitnehmer**

»So geht es nicht!«, dachte sich Frau H.,
ebenfalls Mitarbeiterin in der Niederlassung.
»Frau C. ist in der Probezeit und wenn sie
so weitermacht, gefährdet sie nicht nur ihren Job, sondern auch den Ruf des Unter-
nehmens.« Die Zusammenarbeit im Team litt immer mehr, weil alle
darüber verärgert waren, dass Frau C. ihren Job anders ausfüllte, als
es ihre Aufgabe als Personaldisponentin verlangte. Doch niemand
hatte es für nötig befunden, Frau C. das endlich einmal zu sagen.
So stellte sich die Situation dar: Frau C. konzentrierte sich auf die
Arbeit am Kunden und am Bewerber und vernachlässigte die administrativen Tätigkeiten im Büro. Das verärgerte die Kollegen aus
unterschiedlichen Gründen. Einige fühlten sich im gewohnten Arbeitsfluss gestört, andere wirkten neidisch, weil sie selbst gerne so
arbeiten würden wie Frau C., und wieder anderen schien es völlig
egal zu sein, wie die Niederlassung Leistung und Erfolg sicherstellen
wollte. »Verrückt«, dachte sich Frau H. »Wenn wir es nicht schaffen, zu klären, wie wir mit der Situation umgehen wollen, wird es
nur Verlierer geben.« Eine kluge Erkenntnis einer TOP-Arbeitnehmerin. Worst Case wäre, dass Frau C. ihren Job verlöre, weil sie

sich genau genommen nicht an ihre Stellenbeschreibung gehalten hätte. Das wäre schade, denn die Kollegin war wirklich sehr erfahren und kompetent. Es lohnte sich mindestens eine Diskussion darüber, ob ihre Art, den Vertrieb zu gestalten, ein Modell für die Niederlassung sein könnte. Immerhin schaffte es Frau C. deutlich erfolgreicher als ihre Kollegen, sowohl Bewerber als auch Kunden für eine Zusammenarbeit zu interessieren. Allerdings klappte der letzte entscheidende Schritt des Abschlusses oft nicht. Das lag möglicherweise daran, dass die Büroarbeiten häufig liegen blieben und die Dinge damit nicht zu einer tatsächlichen Bewerbervermittlung führten. »Was tun?«, lautete die Frage, die sich Frau H. nun stellte. Eine wichtige und elementare Frage, die sich TOP-Arbeitnehmer stellen. Feiglinge hingegen kommen oft gar nicht auf diese Frage. Die Vorstellung, etwas zu tun und Einfluss zu nehmen, liegt außerhalb ihrer Wünsche und Gedanken.

Frau H. reagierte vorbildlich auf die Situation, indem sie sich das Problem deutlich machte und nach Lösungen suchte. Ihr war bewusst, dass der Erfolg der Niederlassung vom Beitrag jedes Einzelnen abhing, und ihr war sehr wohl klar, dass dieser Erfolg langfristig auch ihren eigenen Arbeitsplatz sichern würde. Außerdem hatte sie überhaupt keine Lust, in einer derartig angespannten Stimmung zu arbeiten. Herr P. und Frau T., die jede Gelegenheit zum Lästern nutzten, hatten ständig schlechte Laune. Frau C. wurde immer frustrierter darüber, dass ihr Erfolg ausblieb und sie mit den Kollegen nicht wirklich gut zurechtkam.

Eine Situation, die Frau H. nicht länger hinnehmen wollte. Darauf warten, dass der Chef wieder regelmäßiger in der Niederlassung sein würde, und hoffen, dass er irgendwann selbst merkte, dass die Luft zum Schneiden war und die Neue keine Vertragsabschlüsse auf die Kette bekam? Das konnte lange dauern und war somit keine gute Idee.

»Selbst ist die Frau«, dachte sich Frau H. und ging ins Büro von Frau C. – fest entschlossen, mit ihr über die kritischen Punkte zu sprechen. »Hallo, Frau C., ich würde gerne einmal mit Ihnen über einige Dinge sprechen, die mir in unserer Zusammenarbeit auffallen. Haben Sie jetzt für ein Gespräch Zeit?« »Hm, wie lange wird das denn dauern? Ich bin nämlich damit beschäftigt, die Adressen der Unternehmen ins System einzugeben, die ich für eine Zusammenarbeit mit uns interessieren konnte. Und hier liegen auch noch die Unterlagen von Bewerbern, die ich dringend erfassen muss.« »Alles ganz schön viel und eigentlich sind wir damit schon beim Thema«, antwortete Frau H. und ließ bewusst die Frage nach der Dauer des Gesprächs offen. »Wie meinen Sie das?«, fragte Frau C. Ihr Tonfall und ihr Blick ließen eine Mischung aus Verwunderung und Neugier erkennen. »Also, ich sehe, seit Sie bei uns arbeiten, dass Sie fast jede Woche an vier Tagen unterwegs sind und …« »Ja, klar!«, fiel Frau C. ihr ins Wort, »woher soll ich sonst Kunden und Bewerber kriegen? Die fallen weder vom Himmel noch vor unsere Tür. Und ich möchte, dass der Chef mit meiner Leistung zufrieden ist, wenn er nach seinem Projekt wieder regelmäßig in der Niederlassung ist. Schließlich hängt es an seiner Beurteilung, ob ich die Probezeit überstehe oder nicht.« »Das stimmt«, bestätigte Frau H. »Die Meinung des Niederlassungsleiters ist entscheidend für Ihre Übernahme und da will ich mich auch gar nicht einmischen. Ich möchte Ihnen vielmehr sagen, wie ich unsere Zusammenarbeit empfinde und woran bestimmte Probleme aus meiner Sicht liegen könnten.« Eine sehr gelungene Überleitung zu einem Feedbackgespräch unter Kolleginnen. Frau H. erkannte eindeutig die Grenze als Kollegin, indem sie klar bekräftigte, dass es der Niederlassungsleiter war, der entscheiden würde, ob Frau C. übernommen würde. Als Kollegin und TOP-Arbeitnehmerin machten ihre Aussagen deutlich, dass es ihr um ein Feedbackgespräch unter Kollegen ging. Nicht mehr, aber auch nicht weniger.

»Probleme in der Zusammenarbeit? Was meinen Sie damit?«, fragte Frau C. sichtlich beunruhigt. »Wissen Sie, Frau C., die Personaldisponenten in unserer Firma sind für den kompletten Vertriebsprozess verantwortlich: von der Kaltakquise der Neukunden über die Betreuung der Bestandskunden und das Rekrutieren von Bewerbern bis zum erfolgreichen Vermitteln eben dieser Bewerber in die entsprechenden Unternehmen. Erfolg ist für uns dann gegeben, wenn wir einem Kunden eine Rechnung über unsere erbrachte Leistung schreiben. Und das geschieht, wenn wir die Bewerber platziert haben. Nicht, wenn wir sie oder suchende Firmen gefunden haben. Ich habe den Eindruck, dass Ihr Schwerpunkt und Hauptinteresse in der Arbeit draußen am Markt liegt. Aus meiner Sicht geht das zulasten der auch sehr wichtigen administrativen Arbeiten. Die bleiben lange auf Ihrem Schreibtisch liegen.« Frau H. deutete mit ihren Augen auf den ziemlich überfüllten Schreibtisch von Frau C. Diese hörte schweigend zu. »Das könnte mir eigentlich egal sein, wie Sie Ihren Job ausfüllen. Aber ich bin von den Auswirkungen Ihrer Arbeit betroffen und merke, wie mich das mehr und mehr ärgert. Vor lauter Außenaktivitäten kommen Sie gar nicht dazu, die Dinge nachzuarbeiten. Dann rufen hier in der Niederlassung bei mir und den Kollegen unbekannte Firmen an, die ein von Ihnen zugesagtes Bewerberprofil vermissen. Oder es steht ein Bewerber in der Tür, der einen Termin mit Ihnen hat. Aber Sie sind gar nicht da. Und weil ich im System nichts über diesen Bewerber finde, muss ich ihn wieder wegschicken. Das ärgert mich und behindert meine eigene Arbeit.« »Wie schaffen *Sie* das denn?«, fragte Frau C. sichtlich erschüttert über das Feedback und gespannt auf die Antwort. »Ich schaffe das, indem ich auf das Verhältnis zwischen Außen- und Innenaktivitäten achte. Bin ich viel draußen auf Kundenakquise oder Bewerbersuche, plane ich entsprechende Zeit für die Folgearbeiten ein. Das kann bedeuten, dass ich in einer Woche zwei Tage draußen bin, in einer anderen einen oder drei Tage.« »Aber das bedeutet ja, dass Sie keinesfalls vier Tage im Markt sein können.

Zumindest nicht dauerhaft«, warf Frau C. ein. »Genau«, brachte es Frau H. auf den Punkt. »Jetzt wird mir klar, dass ich gar nicht genau weiß, welche Anforderungen hier an einen Personaldisponenten gestellt werden, und deshalb bin ich wie selbstverständlich davon ausgegangen, dass die Abläufe so sind wie bei meinem früheren Arbeitgeber. Da war die Ansage: So viel wie möglich draußen sein. Und das Backoffice erledigen im Zweifel die Sachbearbeiter.« »Das ist hier deutlich anders«, entgegnete Frau H. Sie ersparte sich und Frau C. bewusst, die Herangehensweise beim vorigen Arbeitgeber zu vertiefen oder sogar zu beurteilen. Sie schlug jedoch vor, die beiden Vorgehensweisen zur Diskussion zu stellen, wenn der Niederlassungsleiter wieder dauerhaft an Bord sei. »Aber wir brauchen eine Lösung – hier und jetzt. Wenn Sie anders arbeiten als alle anderen, sind die Probleme im Team programmiert«, schloss Frau H. ihre Ausführungen. Frau C. saß da wie vom Donner gerührt. Nicht nur, dass sie ihre Kernaufgabe offensichtlich falsch verstanden hatte, ihr wurde zudem schlagartig bewusst, welche Probleme sie den Kollegen und mittelfristig sogar sich selbst dadurch zugefügt hatte. »Ach du meine Güte!«, stammelte sie. »Wer weiß, ob die Kollegen nicht aus diesen Gründen teilweise so zurückhaltend mir gegenüber gewesen sind.«

TOP-Arbeitnehmer reden nicht über andere

TOP-Arbeitnehmer reden nicht über andere und dementsprechend angemessen fiel die Reaktion von Frau H. aus: »Wenn Sie wissen wollen, was die Kollegen denken, fragen Sie sie am besten selbst. Mir war in erster Linie mein eigenes Feedback an Sie wichtig, und ich fände es sinnvoll, wenn Sie sich zumindest bis zur Rückkehr unseres Chefs an die bisherigen Praktiken in der Niederlassung halten würden: Jeder fährt nur so viel raus, wie er inklusive der Nacharbeiten stemmen kann.« Frau C. stimmte sofort zu. Ihr lag selbst daran, die Vorgänge von A bis Z gut abzuschließen. Ihr fehlte bisher nur die Vorstellung, wie sie das bei vier Tagen Außenaktivitäten schaffen sollte. Sie nahm sich vor, ihre Kollegen auf das Thema anzusprechen, um auch dort ein Feedback einzuholen und Missverständnisse aufzuklären. Das war einerseits eine gute Entscheidung und gleichzeitig der Beweis dafür, dass auch Frau C. das Potenzial für eine TOP-Arbeitnehmerin hatte. Das bestätigte sie, indem sie direkt am Folgetag beim Mittagessen das Gespräch mit ihren Kollegen suchte. »Frau H. sprach mich gestern an und machte mir bewusst, dass ich meine Aufgabe als Personaldisponentin in wesentlichen Teilen ganz anders lebe, als es hier üblich ist. Dadurch sind Ihnen unangenehme Situationen entstanden. Das tut mir wirklich leid und ich kann Ihnen versprechen, dass ich meine Arbeitsweise ändern werde. Keine Akquise ohne eigene Nacharbeit.« Da staunten die Kollegen nicht schlecht. Kommentarlos, aber kopfnickend, nahmen sie die Worte von Frau C. auf. Und siehe da – Frau C. erledigte ihre anfallenden Backoffice-Arbeiten zeitnah und die Stimmung wurde zusehends besser.

Von all dem wusste der Niederlassungsleiter nichts. Aber er war ganz stolz auf sein Team, als dieses ihn nach seiner viermonatigen Abwesenheit in der Zentrale fragte, ob man mal gemeinsam im Rahmen einer Teamsitzung über die Arbeitsprozesse im Vertrieb sprechen könne. »Vielleicht ist es ja möglich, die Aktivitäten draußen von den internen Bürotätigkeiten zu trennen?«, formulierten sie ihre Idee. »Zum Glück habe ich echt tolle Mitarbeiter«, dachte der Niederlassungsleiter. »Die denken wirklich über Optimierung nach. Ich bin gespannt. Und die Neue scheint gut integriert zu sein.«

Wie wahr, wie wahr. Nur mit Glück hatte das allerdings wenig zu tun. Es war vielmehr der Erfolg von TOP-Arbeitnehmern. Dazu gehörte in erster Linie Frau H., aber ebenso Frau C., die sehr konstruktiv mit dem Feedback ihrer Kollegin umgegangen war. Und wer weiß, vielleicht haben die Mitläufer und Undercover-Mitarbeiter des Teams auch aus dieser Erfahrung gelernt. Hoffen wir es!

Für den schnellen Leser

- Feigling oder TOP-Arbeitnehmer zu sein, basiert auf einer persönlichen Entscheidung, die jederzeit veränderbar ist.

- Feedback und Selbstreflexion unterstützen die Entwicklung vom Feigling zum TOP-Arbeitnehmer.

- TOP-Arbeitnehmer verstehen sich als Mitgestalter ihrer Arbeitswelt und übernehmen Verantwortung für ihre berufliche Zufriedenheit.

- Das Hauptmotiv des TOP-Arbeitnehmers ist seine persönliche Zufriedenheit.

- TOP-Arbeitnehmer schätzen Klarheit als Kompass ihrer Gedanken und Entscheidungen sowie Courage als Motor für die Umsetzung.

- TOP-Arbeitnehmer reden nicht *über* andere, sondern *mit* ihnen.

- Berufliche Zufriedenheit ist eine Energiequelle für TOP-Arbeitnehmer.

- Feiglinge fühlen sich als Opfer der Arbeitswelt ausgeliefert.

- Feiglinge bewerten sowohl die Gegenwart als auch die zu erwartende Zukunft tendenziell negativ.

- Es gibt zwei Arten von Feiglingen am Arbeitsplatz: den Mitläufer und den Undercover-Mitarbeiter. Der Mitläufer nimmt die Dinge kommentarlos hin. Der Undercover-Mitarbeiter übt Kritik hinter vorgehaltener Hand und nicht an der Stelle, an der Veränderung möglich wäre.

- Mitläufer verschließen die Augen vor dem, was wirklich ist, und werten Situationen und Themen häufig ab. Sie haben die Tendenz, jegliche Umstände ungeachtet möglicher Probleme einfach hinzunehmen.

2. Klarheit

Wenn man Menschen fragt, was ihnen zum Begriff »Klarheit« einfällt, kommen in der Regel positive Bilder und Assoziationen: klarer strahlender Himmel, klares blaues Wasser, klare eindeutige Situationen. Klarheit gibt Orientierung und ein Gefühl von Sicherheit und Verlässlichkeit. Aber in der VUKA-Welt, in der wir heute leben, gibt es nur begrenzt Klarheit, die zudem häufig nur kurzfristige Gültigkeit besitzt. Das mussten verschiedene Unternehmen bereits schmerzlich erfahren. So zum Beispiel die Firma KODAK. Als ehemals weltweit bedeutendster Hersteller für fotografische Ausrüstung schien die Marktposition gefestigt. Hätte KODAK seinerzeit geahnt, welchen Einfluss digitale Fotos auf die Branche haben würden, gäbe es das Unternehmen vermutlich heute noch. Fehlende Klarheit und eine völlige Fehleinschätzung der zu erwartenden Entwicklung des Foto-Marktes haben das Unternehmen rückblickend die Existenz gekostet.

Auch Mitarbeiter in Unternehmen beklagen sich oft über fehlende Klarheit. Da wird eine Restrukturierung angekündigt, doch anstatt die Beschäftigten über das, was kommt, zu informieren, bleibt über mehrere Monate hinweg offen, wie der Change konkret aussehen soll und welche Stellen und Personen davon betroffen sein werden. Oder es wird einem Abteilungsleiter gekündigt und die Stelle mehrere Monate nicht nachbesetzt. Die Mitarbeiter in der Abteilung erhalten keinerlei Informationen. Sie wissen weder, ob überhaupt ein Nachfolger für den Chef-Posten gesucht wird, noch, ob die Abteilung womöglich mit einer anderen zusammengelegt wird. Eine Zeit voller Sorgen und Unruhe. Ein unangenehmer Schwebezustand.

TOP-Arbeitnehmer wissen: Klarheit ist Kennzeichen der Unternehmenskultur.

Klarheit wird Unternehmen nicht in die Wiege gelegt. Sie ist vielmehr das Ergebnis eines Prozesses, der viel Energie erfordert. Derjenige, der Klarheit haben möchte, kann und sollte etwas dafür tun. Klarheit in Unternehmen impliziert demnach eine Hol- und Bringschuld – von Mitarbeitern und Führungskräften. Sie ist Kennzeichen einer Unternehmenskultur und wird von allen Beschäftigten beeinflusst. TOP-Arbeitnehmer wissen das und warten nicht darauf, dass »die da oben« Klarheit in Form von Informationen wie selbstverständlich liefern, sondern sie fühlen sich mitverantwortlich für das richtige Maß. Fehlen ihnen Informationen oder Erläuterungen zum Verständnis von Entscheidungen, stellen sie entsprechende Fragen, um ihre Wissenslücken zu schließen. Damit machen sie zum einen deutlich, dass sie etwas nicht verstanden haben, zum anderen holen sie sich Antworten. Klarheit ist wie eine Medaille – sie hat zwei Seiten. Auf der einen Seite steht »Klarheit bekommen«, auf der anderen »Klarheit geben«. Beide Seiten sind für Mitarbeiter Stellschrauben, an denen sie drehen und so Einfluss nehmen können. Der TOP-Arbeitnehmer weiß genau, in welchen Situationen er wie viel davon geben oder einfordern sollte.

Alles klar? Warum mache ich diesen Job in dieser Firma eigentlich?

Arbeitszeit ist Lebenszeit. Daher sollten Menschen mit ihren beruflichen Rollen genauso aufmerksam umgehen wie mit ihrer privaten Zeit. Privat entscheiden wir uns bewusst, mit wem und wie wir unsere Freizeit verbringen.

Arbeitszeit ist Lebenszeit

Wir wählen gewissenhaft Partner und Freunde aus, verbringen unsere Wochenenden gerne mit Aktivitäten, die uns Spaß machen. Aber auch weniger schöne Tätigkeiten wie Putzen oder die Steuererklärung gehören dazu. Fest steht: Wir gestalten unser Privatleben bewusst und übernehmen dadurch Verantwortung. »Im Job geht das aber nicht – da bestimmen andere, mit wem ich was zu tun habe«, höre ich Mitarbeiter häufig sagen. Doch das stimmt nicht! Zwangsarbeit gibt es bei uns in Deutschland nicht. Jeder Mitarbeiter hat Gestaltungsspielraum und ist verantwortlich für das, was er beruflich macht. Und jeder sucht sich die Firma aus, für die er arbeiten möchte. Solche Sätze lösen häufig Unverständnis bei Mitarbeitern aus. »Aber ich muss doch arbeiten gehen, um Geld zu verdienen, und meine Kollegen kann ich mir nicht aussuchen!« Das entspricht sicherlich den Tatsachen und steht gleichzeitig in keinerlei Widerspruch zu meinen Aussagen. Es geht vielmehr darum, Menschen dafür zu sensibilisieren, dass sie selbst die Verantwortung dafür tragen, was sie tun. Sie sitzen am Steuer ihres Lebens. Es in die gewollte Richtung zu lenken erfordert Klarheit. Oder fahren Sie gerne im tiefen Nebel mit Ihrem Auto durch die Gegend?

Das Werkzeug für Klarheit: Fragen stellen!

Schauen wir uns gemeinsam an, wie Klarheit zu erlangen ist – die Voraussetzung dafür, dass Arbeitszeit eine gute Zeit ist. Klarheit gewinnen wir grundsätzlich, indem wir Fragen stellen und Antworten erhalten. Wir beschaffen uns die nötigen Informationen, um sie anschließend zu bewerten. Diese Fragen können sowohl an andere Menschen gerichtet sein als auch an uns selbst. Letztere sind oft die schwierigsten und unbequemsten Fragen. Warum? Weil wir selbst für die Qualität der Antworten verantwortlich sind. Es gibt niemanden, auf den wir ärgerlich sein können, wenn die Antworten zu lange auf sich warten lassen oder sich zu einem späteren Zeitpunkt als falsch erweisen. Das Gute ist, dass jede Antwort, die wir uns geben, ein Stück Klarheit bringt. Je deutlicher uns bewusst ist, was wir denken und wollen, desto höher ist die Chance, unsere Ziele und Vorstellungen zu verwirklichen.

So hat es auch Frau K. erlebt. Sie arbeitete während ihres BWL-Studiums regelmäßig als Schreibkraft bei einer Firma im Vertrieb. Ihre Aufgabe bestand im Wesentlichen darin, den Innendienst beim Erstellen von Angeboten zu unterstützen. Der Schwerpunkt ihres Studiums lag allerdings im Bereich Personalmanagement und ihr Ziel war, nach dem Studium als Personalreferentin in einer HR-Abteilung zu arbeiten. Die Firma, in der sie als Aushilfe beschäftigt war, bot ihr nach dem Studium eine Stelle als Außendienstmitarbeiterin im Vertrieb an. Eigentlich hatte das gar nichts mit ihrem Berufswunsch zu tun, aber der Vertriebsleiter hielt es für eine gute Idee, dass sie nach ihrer Erfahrung im Innendienst nun den Außendienst kennenlernte. »Ich bin sicher, dass Ihnen der Kontakt zu unseren Kunden Freude machen wird und Sie die Aufgabe schätzen lernen«, waren seine Worte am Ende des Personalgesprächs. Frau K. war skeptisch, nahm das Angebot jedoch an. Sie konnte doch froh sein, überhaupt einen Job zu haben, dachte sie sich. Und die Firma war ihr schließlich bestens vertraut.

Doch es kam anders, als der Vertriebsleiter vermutet hatte. Nach wenigen Monaten war Frau K. ziemlich frustriert. Die endlosen

Autofahrten von Kunde zu Kunde, das Gefühl, durch transparente und messbare Verkaufsaktivitäten gläsern zu sein, die zermürbenden Preisverhandlungen und der permanente Druck, Neukunden gewinnen zu müssen, waren ihr zuwider. Ihre Wortwahl während unseres Beratungstermins ließ deutlich erkennen, wie belastend sie den Job empfand. Frau K. wollte am liebsten kündigen, hatte aber die Sorge, dass es in ihrer Vita nicht gut aussähe, wenn sie ihren ersten Job bereits nach acht Monaten aufgeben würde. Sie wollte durch die Beratung herausfinden, wie sie eine positivere Haltung zu ihrem Job entwickeln könnte, um ihn mindestens zwei Jahre »durchzuhalten«.

Haltung gibt Halt

Eine innere Haltung zu verändern, ist eine große Herausforderung, wenn man dabei glaubwürdig sich selbst gegenüber bleiben möchte. Daher wäre es ziemlich sinnlos gewesen, wenn sich Frau K. den Job »schönge-

Eine realistische Haltung zum Job entwickeln

redet hätte«, denn mit wirklicher Haltung hätte das wenig zu tun. Ich wollte Frau K. daher dazu verhelfen, ihre aktuelle Haltung zum Job zu erkennen und realistisch einzuschätzen, ob es möglich war, diese positiv zu verändern. Ich stellte ihr die folgende Frage: »Wie zufrieden sind Sie aktuell mit Ihrer Aufgabe als Außendienstmitarbeiterin? Bewerten Sie auf einer Skala von 1 bis 10, der Wert 10 steht für höchste Zufriedenheit.« Ohne zu zögern, wählte Frau K. die Zahl 4. Nun fragte ich sie: »Auf einer Skala von 1 bis 10: Wie zufrieden sind Sie mit Ihrem gesamten Leben zurzeit?« Sie entschied sich für die 5. Ich fragte sie, woran es lag, dass sie nur mittelmäßig zufrieden mit ihrem Leben war. Sie erzählte, dass sie oft völlig genervt von der Arbeit nach Hause komme, das Thema Job auch ihren privaten Alltag bestimme und dass sie ihrem Partner, ihren

Freunden und ihrer Familie mit ihrem Job-Frust mehr und mehr auf die Nerven gehe.

Ihre Erläuterungen zeigten, welchen Einfluss der berufliche Kontext auf das gesamte Leben von Frau K. nahm. Eine junge Frau im Alter von 26 Jahren, die mittelmäßig zufrieden mit ihrem Leben ist. Einmal ausgesprochen, zeigte sich Frau K. sehr betroffen darüber und es wurde deutlich, dass eine Veränderung dringend notwendig war.

Ich fragte Frau K.: »Auch wenn eine dauerhafte Zufriedenheit von 10 zwar erstrebenswert, aber natürlich unrealistisch ist – welchen Grad an Zufriedenheit wollen Sie zukünftig erreichen?« Die Antwort der jungen Frau kam spontan und aus tiefstem Herzen: »Ich möchte mindestens eine 8!« Auf meine Bitte hin notierte Frau K. nun die Punkte, die ihr an ihrem Job gefielen, und die, die ihr nicht zusagten. Wie zu erwarten fiel die Liste der Kritikpunkte deutlich länger aus.

Bei genauerer Betrachtung wurde Frau K. bewusst, dass die Dinge, die sie negativ bewertete, gravierend und mit ihren Vorstellungen eines attraktiven Jobs nicht in Einklang zu bringen waren. Ein wichtiger erster Schritt zur erforderlichen Klarheit war getan. Ihr war bewusst geworden:

- Der Beruf als Außendienstmitarbeiterin schränkte ihre gesamte Zufriedenheit erheblich ein.
- Die Schattenseiten der Aufgabe überwogen und waren nicht kompatibel mit ihren Vorstellungen.
- Die Veränderung der inneren Haltung zum Job war unrealistisch und konnte daher nicht die Lösung sein.

Wenn sie mehr Zufriedenheit gewinnen wollte, gab es nur die eine Möglichkeit: Frau K. musste den Job wechseln. In dem Moment, in dem ihr das bewusst wurde, erhellte sich ihr Gesichtsausdruck. Sie wirkte plötzlich wesentlich energiegeladener als zuvor, fast schon erleichtert. Es war die Klarheit, durch die sie ein Ziel entwickelt hatte, das wirklich attraktiv für sie war. Die Fragen, die bei ihr zur Klarheit geführt hatten, sollte sich jeder Berufstätige mindestens einmal pro Jahr stellen:

Klarheit schafft neue Energie

- Auf einer Skala von 1 bis 10: Wie zufrieden bin ich aktuell in meinem Job?
- Inwieweit beeinflusst diese Zufriedenheit meine Lebenszufriedenheit?
- Was gefällt mir in meinem Job? Was nicht?
- Welche Facetten kann und will ich verändern?

Nehmen Sie sich 30 Minuten Zeit und stellen Sie sich diese vier Fragen. Am besten halten Sie Ihre Antworten schriftlich fest. Am Ende werden Sie Klarheit darüber gewonnen haben, ob Sie Ihr Leben momentan erfüllt oder ob Sie etwas ändern sollten. Weitere wertvolle Hinweise zum Überprüfen Ihrer aktuellen beruflichen Zufriedenheit finden Sie in Kapitel 4 im Abschnitt »Finden Sie Ihren Platz!«.

So wie es ist, soll es nicht bleiben: Offenheit zählt

Kommen wir zurück zu Frau K. und ihrer Geschichte. Nachdem klar war, dass sie den Job als Außendienstmitarbeiterin auf Dauer keinesfalls ausüben wollte, stand die nächste logische Frage im Raum: Was will ich stattdessen? Die Antwort kam wie aus der Pistole geschossen: Sie wollte als Personalreferentin arbeiten und das am liebsten in dieser Firma. Durch den bisherigen Prozess hatte die Mitarbeiterin Klarheit sich selbst gegenüber erreicht. Nun galt es, diese nach außen zu vermitteln. Doch Klarheit nach innen zu haben bedeutet noch lange nicht, klar nach außen zu sein. Strategisch sinnvoll erschien, zunächst ein Gespräch mit dem Vertriebsleiter und anschließend mit der Personalchefin zu führen.

Der richtige Grad an Offenheit

Frau K. machte sich besonders Sorgen um das Gespräch mit ihrem Chef. Sie hatte ein schlechtes Gewissen und fühlte sich ihm gegenüber verpflichtet. Schließlich hatte er dafür gesorgt, dass sie nach ihrem Studium direkt einen festen Job bekommen hatte – ohne aufwendige Bewerbungsverfahren auf sich nehmen zu müssen. Hinzu kam, dass sie wusste, wie schwer es war, gute Außendienstmitarbeiter zu finden. Sie würde ihren Chef demnach vor ein ziemliches Problem stellen.

Diese Gedanken waren nachvollziehbar und bei der Gesprächsvorbereitung durchaus zu beachten, denn sie gefährdeten die Offenheit. Ein schlechtes Gewissen, die Sorge, jemanden zu verletzen, zu verärgern oder dem anderen ein Problem zu bereiten, hindern Menschen oft daran, wirklich offen zu sein.

Folgende Fragen helfen, den Grad der erforderlichen Offenheit passend zu justieren:

- »Was möchte ich minimal / maximal am Ende des Gesprächs erreicht haben?«
  Das Minimalziel von Frau K. war, ihrem Chef eindeutig zu sagen, dass sie den Job als Außendienstmitarbeiterin aufgeben wollte. Ihr Idealziel war, dass er Verständnis zeigte und ihr einen wohlwollenden Kontakt zur Personalabteilung herstellte.
- »Was bin ich bereit, für mein Gesprächsziel in Kauf zu nehmen?«
  Frau K. war bereit, die gute und harmonische Beziehung zu ihrem Chef aufs Spiel zu setzen und in Kauf zu nehmen, ihn zu verärgern.
- »Welches Risiko bin ich bereit, einzugehen?«
  Das Risiko von Frau K. lag eindeutig darin, einen Job zu kündigen, ohne bereits einen anderen gefunden zu haben. Da sie jedoch gerne als Personalreferentin in derselben Firma bleiben wollte, sah sie keinen Sinn darin, sich zu diesem Zeitpunkt woanders zu bewerben.
- »Wie würde sich meine Situation vermutlich in einem Jahr darstellen, wenn ich das Gespräch nicht führe?«
  Frau K. war davon überzeugt, dass ihre Unzufriedenheit weiterhin zunehmen würde. Zusätzlich ging sie davon aus, dass die Beziehung zu ihrem Chef darunter leiden würde, da sie die erwartete Leistung auch in Zukunft nicht erbringen könnte.

Klare Worte schaffen klare Verhältnisse

Mit ihren Antworten hatte Frau K. sich gut auf das Gespräch eingestimmt. Ihr war bewusst geworden, wie fatal sich die Situation für alle Beteiligten entwickeln könnte, wenn sie das Gespräch nicht aktiv suchte. Die Folge wäre: Ihre eigene Unzufriedenheit verstärkte sich, ihre Verkaufszahlen entsprächen nicht den Erwartungen, weshalb ihr Chef vermutlich in einigen Monaten ein ernstes Gespräch mit ihr führen wollen würde. Aus einer solchen Position heraus im selben Unternehmen in eine andere Funktion zu wechseln, war sicherlich deutlich schwerer und unwahrscheinlicher. Frau K. wollte daher sicher sein, die wichtigsten Botschaften in das Gespräch einzubringen, und entschloss sich, einige Sätze fast wörtlich vorzubereiten. Das ist für viele Menschen eine gute Möglichkeit, dafür zu sorgen, die Themen wirklich offen und klar anzusprechen. Dabei ist nicht entscheidend, den Text Wort für Wort wiederzugeben und auswendig aufzusagen – das wirkt eher gekünstelt und einstudiert. Es geht vielmehr darum, klare Formulierungen zu finden, die tatsächlich ausdrücken, was man mitteilen möchte. Weichspülende Worte wie »Der Job gefällt mir zurzeit nicht so gut« haben wenig mit Klarheit und Offenheit zu tun. »Ich habe in den zurückliegenden acht Monaten festgestellt, dass der Job definitiv nichts für mich ist.« Das sind klare Worte!

Schlüsselsätze aufschreiben

Die Schlüsselsätze, die Frau K. aufschrieb und auf jeden Fall in dem Gespräch sagen wollte, waren die folgenden:

1. »Ich werde die Aufgabe als Außendienstmitarbeiterin zum nächstmöglichen Termin aufgeben.«
2. »Es sind die Inhalte der Funktion, die nicht meinen Vorstellungen und Stärken entsprechen. Es geht nicht um Rahmenbedingungen, die man verändern könnte.«
3. »Obwohl die Aufgabe nicht zu mir passt, danke ich Ihnen für die Festanstellung, die Sie mir ermöglicht haben.«
4. »Ich möchte Personalreferentin werden, am liebsten hier im Haus. Können Sie mich dabei unterstützen und mir einen Kontakt zur Personalabteilung herstellen?«

Vier Sätze, die Frau K. auf jeden Fall aussprechen wollte. Vier Sätze, die sie sich immer wieder in Erinnerung rief und laut sagte: beim Autofahren, beim Joggen, beim Kochen. Auf diese Weise prägten sie sich ein und waren leicht abrufbar. Das ist viel einfacher, als im Gespräch zu überlegen: Wie sage ich jetzt was?

Wer Offenheit trainieren möchte, tut gut daran, Kernbotschaften vorzubereiten.

Später berichtete mir Frau K., dass das Gespräch durchaus anstrengend für sie gewesen war. Ihr Chef hatte immer wieder versucht, sie doch weiter für den Job als Außendienstmitarbeiterin zu gewinnen. Letztendlich war sie aber beharrlich bei ihren Kernbotschaften geblieben, und der Vertriebsleiter hatte ihre Entscheidung akzeptiert. Mehr noch: Er stellte ihr einen Kontakt zur Personalabteilung her und legte dort sogar ein gutes Wort für sie ein. Zu einer Beschäftigung als Personalreferentin führte das zwar nicht, weil keine entsprechende Stelle vakant war. Dennoch brachte ihre Klarheit den nötigen Stein ins Rollen.

Heute arbeitet Frau K. in ihrem Wunschjob als Personalreferentin eines mittelständischen Unternehmens. Dort kann sie nun die Kompetenzen zeigen, die in ihrem alten Job als Außendienstmitarbeiterin nicht gefragt waren, und wird dafür von ihren Kollegen und Führungskräften sehr geschätzt. Sie freut sich über die Erfolge und bewertet ihre Zufriedenheit mit einer eindeutigen 9. Auf der Skala von 1 bis 10 ein Wert, der sich sehen lassen kann. Unwohlsein auf dem morgendlichen Weg zur Arbeit? Bauchschmerzen und Lustlosigkeit während des Tages? Das liegt dank ihrer Klarheit und Courage hinter ihr. Gleichzeitig ist sie froh, die Zusammenarbeit mit ihrem früheren Arbeitgeber zu einem sauberen Abschluss geführt zu haben. Sie hat bis heute einen guten Kontakt zu einigen ehemaligen Kollegen und zu ihrem Chef. Und wer weiß? Man sieht sich ja immer zweimal im Leben.

Kollegen kann man sich nicht aussuchen, sie fallen einfach vom Himmel

Wer kennt das nicht: Ärger mit den Kollegen. Und wer kann schon behaupten, einen perfekten Chef zu haben? Die Wahrscheinlichkeit, dass es immer mal wieder Spannungen am Arbeitsplatz gibt, ist recht hoch. Kein Wunder, denn Menschen verbringen viel Zeit im Job, und die wenigsten können sich aussuchen, mit wem sie zusammenarbeiten.

Menschen ticken unterschiedlich

Als besonders herausfordernd wird die Zusammenarbeit empfunden, wenn die Beteiligten in ihren Persönlichkeiten sehr unterschiedlich sind. Menschen neigen dazu, von sich auf andere zu schließen, nach dem Motto: Was für mich selbstverständlich ist, hält auch der andere für selbstverständlich. Weit gefehlt – wie das folgende Beispiel zeigt:

Die Mitarbeiter einer Bankfiliale dachten, sie hätten das große Los gezogen: Sie verstanden sich derart gut, dass sie ihre täglichen Mittagspausen gemeinsam im Sozialraum verbrachten. Der Austausch zu privaten Themen konnte schließlich während der Schalteröffnungszeiten kaum stattfinden, und man hatte sich ja so viel zu erzählen. Außerdem gingen die persönlichen Interessen in ähnliche Richtungen: Man traf sich gerne monatlich zum Bowlingspielen und während der Weihnachtszeit waren mindestens zwei gemeinsame abendliche Besuche des Weihnachtsmarktes drin. Sogar der Chef war bei den meisten Aktivitäten dabei.

Es gab nur einen »Haken«: Herr M. wollte sich gar nicht recht in das Geschehen einreihen. Die Mittagspause verbrachte er am liebsten an seinem Schreibtisch – Zeitung lesend und das Essen genießend. Bowling gefiel ihm gar nicht und er nahm nur sehr selten daran teil. Aus Höflichkeit ging er mit den Kollegen an einem Termin mit zum Weihnachtsmarkt – schließlich sollte niemand denken, er wolle nichts mit ihnen zu tun haben. Aber genau das dachten die Kollegen. Sie sahen in Herrn M. den Außenseiter, der kein Interesse an seinen Kollegen hatte. Er war derjenige, der am wenigsten von seinem Privatleben erzählte. »Der vertraut uns nicht und will nicht, dass wir Privates von ihm erfahren«, lautete die Schlussfolgerung. Und auch der Filialleiter war der Meinung, dass Herr M. nicht wirklich ins Team passen und sogar die Stimmung beeinträchtigen würde.

Herr M. sah die Dinge vollkommen anders. Er bezeichnete seine Kollegen und auch den Chef als »richtig nett«. Er sei froh, in einem derart tollen Team zu arbeiten. Eine Sache würde ihn allerdings stören: Das Team sei an sehr häufigem und intensivem Kontakt interessiert. »Man kann tagsüber noch nicht einmal in der Mittagspause abschalten, weil die Kollegen erwarten, dass wir alle zusammen im Sozialraum sitzen. Dieses ständige Reden macht einen doch verrückt. Und jeden vierten Freitagabend wird gemeinsam gebowlt. Nach der Arbeitswoche bin ich aber total platt und einfach nur froh, zu Hause meine Ruhe zu haben. Ja und Weihnachten, da wird es noch doller! Da gehen die andauernd auf diese vollgestopften Weihnachtsmärkte, schieben sich dort durch die Gänge und trinken schlechten Glühwein. Dazu habe ich echt keine Lust!«

Andersartigkeit verstehen – Missverständnissen vorbeugen

Hier zeigt sich wieder einmal, wie unterschiedlich Menschen ticken. Dieselben Themen – Mittagspause, Bowling, Weihnachtsmarkt – werden ganz unterschiedlich bewertet: Der Außenseiter, der die Stimmung trübt, versus das eingeschworene Team mit starkem Bedürfnis nach Kontakt.

Introvertierte und Extravertierte laden den Akku unterschiedlich auf

Als diese Gruppe im Rahmen einer Teamentwicklung die Ursachen für die Diskrepanzen erkannte, war sie ziemlich erstaunt: Herr M. ist in seiner Persönlichkeitsstruktur eher introvertiert. Er zieht seine Energie überwiegend aus sich heraus, das heißt, er lädt seinen »inneren Akku« auf, indem er sich Zeit für sich allein nimmt. Er war gerne mit seinen Kollegen zusammen, aber wenn er vormittags mehrere Kundengespräche führte und Telefonate anstanden, brauchte er die Mittagspause, um wieder Kraft zu tanken. Einfach mal nicht reden oder zuhören – herrlich! Ganz anders die Kollegen und der Chef. Sie gehören zu den eher extravertierten Persönlichkeiten, die ihre Energie aus dem Kontakt mit anderen ziehen. Sie laden ihren inneren Akku beispielsweise in Gesprächen mit anderen auf. Je mehr sie im direkten Austausch stehen, desto besser geht es ihnen.

In diesem Filialteam arbeiten dementsprechend sehr unterschiedliche Persönlichkeiten, die auf unterschiedliche Art und Weise Energie tanken. Eine wichtige Erkenntnis, die großes Erstaunen bei allen Beteiligten auslöste (wie essenziell es ist, die Persönlichkeit seiner Mitmenschen zu verstehen, und welchen Nutzen Persönlichkeitsanalysen für TOP-Arbeitnehmer haben können, erfahren Sie in Kapitel 5).

»Dann sitzt du während der Mittagspausen nicht an deinem Schreibtisch, weil du nichts mit uns zu tun haben willst, sondern weil du die Zeit für dich brauchst?« Das »Aha!« stand den extravertierten Kollegen ins Gesicht geschrieben. »Nein, ich bin total happy, mit euch zusammenzuarbeiten. Ich kann nur nicht ständig auf Senden und Empfangen sein – das strengt mich irgendwann an. Ich verstehe nicht, dass ihr nicht auch mal eine Pause voneinander und dem ständigen Reden braucht.« »Und was machen wir jetzt?« stand als offene Frage im Raum. Ich ermutigte das Team, klare Vereinbarungen zu treffen, die den gegensätzlichen Bedürfnissen der Persönlichkeiten gerecht würden. »Also, ich fände es gut, wenn du wenigstens eine Mittagspause pro Woche mit uns verbringen würdest. Kannst du dir das vorstellen?« Das war ein guter Anfang für einen intensiven Austausch, der folgende Vereinbarungen ergab: Herr M. verbringt eine Mittagspause pro Woche mit den Kollegen im Sozialraum. Der genaue Tag ist nicht festgelegt, sodass er entscheiden kann, an welchem Tag es sein Energiehaushalt zulässt. Die Weihnachtsmarktbesuche werden fortgeführt – ohne Herrn M. Das war bisher auch so. Neu war die Zusage des Teams, Herrn M. nicht mehr als Außenseiter zu sehen, weil er nicht dabei ist, sondern zu akzeptieren, dass er einfach keine Lust auf Weihnachtsmärkte hat. Und die wohl wichtigste Vereinbarung lautete: Wir klären im Gespräch die Beweggründe eines Kollegen, dessen Verhalten wir nicht verstehen oder nicht nachvollziehen können. Diese Vereinbarung bezog sich auf alle Teammitglieder und betraf nicht nur das Unverständnis in Bezug auf Extra- und Introversion. Auch extravertierte Menschen haben selbstverständlich – so wie introvertierte Menschen auch – Irritationen untereinander, die geklärt werden müssen. Durch das klärende Gespräch und die getroffenen Vereinbarungen hatte das Verurteilen von Andersartigkeit aufgehört und wurde durch Akzeptanz ersetzt. Und das ohne große Auseinandersetzungen und Konfliktgespräche, einfach »nur« durch Klarheit, die entstanden ist.

Klarheit – wirksames Mittel gegen Fehlinterpretationen

Was lernen wir aus der Geschichte von Herrn M.? Wenn wir Menschen nicht verstehen und das Gefühl haben, sie ticken ganz anders, ist es fatal, ihr Verhalten zu deuten und zu interpretieren (»Der will nichts mit uns zu tun haben und ist ein Außenseiter«). Sinnvoll ist vielmehr, sich Klarheit über die Persönlichkeit des anderen zu verschaffen, indem wir ihm Fragen stellen, unsere Kenntnisse über Persönlichkeitstypen heranziehen und Andersartigkeit nicht abwerten. Eine mögliche Frage des Teams an Herrn M. hätte sein können: »Woran liegt es, dass du die Mittagspause lieber am Schreibtisch als mit uns im Sozialraum verbringst?« Auch Herr M. hatte die Möglichkeit, eigeninitiativ für Klarheit zu sorgen. Er hätte seinen Kollegen beispielsweise erklären können, warum er so selten zum Bowling oder auf den Weihnachtsmarkt mitgekommen ist. »Ich habe einfach nach einer anstrengenden Arbeitswoche das Bedürfnis, einen Abend Zeit für mich zu haben.« Die Aussagen und Antworten, die man erhält, kann man gut finden oder nicht. Fest steht: Sie schaffen Klarheit und schützen vor Fehlinterpretationen.

Kritik äußern, ohne gefragt zu werden

Ein Mitarbeiter, der die Vermutung oder sogar sichere Erkenntnis hat, dass eine Arbeitsweise, ein Verhalten oder eine Entscheidung negative Auswirkungen auf den Erfolg des Unternehmens hat oder erhebliche Risiken mit sich bringt, ist verpflichtet, seine Bedenken zu äußern. Langer Satz – und jedes einzelne Wort wichtig. Das gehört auf jeden Fall zum Verhaltensrepertoire des TOP-Arbeitnehmers.

Mitarbeiter, die Kritik äußern, ohne gefragt zu werden, haben das große Ganze im Blick. Sie reduzieren ihre Verantwortung nicht auf das, was sie selbst tun, und auf ihren eigenen Zuständigkeitsbereich. Sie sind vielmehr bereit und in der Lage, über den Tellerrand zu blicken. Das tat auch Frau S. Ihr war seit einiger Zeit aufgefallen und sauer aufgestoßen, dass ihr Vorgesetzter, einer von drei Geschäftsführern des Unternehmens, immer häufiger negativ über einen anderen Geschäftsführerkollegen sprach. »Der kriegt im Bereich Personal nichts auf die Kette, und wir im Vertrieb müssen das dann ausbaden, weil Stellen lange unbesetzt bleiben.« »Wie konnte der Aufsichtsrat diesen Mann als Geschäftsführer einstellen? Der kann sich zwar gut verkaufen, hat aber fachlich überhaupt keine Ahnung.«

TOP-Arbeitnehmer haben das Ganze im Blick

Zunächst ging Frau S. davon aus, dass ihr Chef derartige Äußerungen ausschließlich ihr gegenüber von sich gab. Die beiden hatten einen vertrauensvollen Umgang, gleichwohl empfand sie die Aussagen ihres Chefs irritierend und dem anderen Geschäftsführer gegenüber illoyal.

Bald musste sie jedoch feststellen, dass ihr Chef auch anderen Kollegen und Mitarbeitern gegenüber kein Blatt vor den Mund nahm und in offener Runde auf den Vertriebsmeetings massive Kritik am Verhalten seines Geschäftsführerkollegen übte. »Der hat von unserem Geschäft überhaupt keine Ahnung und richtet mit seinem Unwissen mehr Schaden als Nutzen an.« »Wundern Sie sich nicht, wenn Sie mehrere Wochen auf Entscheidungen seines Unternehmensbereichs warten. Schnelligkeit ist nicht gerade seine Stärke.« Frau S. bemerkte die verwunderten Blicke der Vertriebskollegen während des Meetings. Und auch die Stimmung, die die Worte des Chefs auslösten, entging ihr nicht.

 **Führungskräfte sind Modelle, an denen sich Mitarbeiter bewusst und unbewusst orientieren.**

Die kritischen Worte ihres Geschäftsführers bewirkten, dass die Vertriebsleiter nach und nach die Meinung über den anderen Geschäftsführer übernahmen – ganz nach dem Motto:»Unser Chef kennt seinen Kollegen besser als wir und kann ihn daher sicherlich auch besser einschätzen.«

Ganz meine Meinung!

Das Übernehmen von Meinungen und Sichtweisen des Vorgesetzten vollzieht sich oft unmerklich und schleichend. Vorgesetzte haben massiven Einfluss auf die Gedanken ihrer Mitarbeiter. Das sollen sie qua ihrer Funktion natürlich auch. Aber dieser Einfluss kann, wie bei Herrn X., auch bedenkliche Auswirkungen haben. Seine negative Sicht auf den Geschäftsführerkollegen verbreitete sich wie ein Virus in seinem Verantwortungsbereich. Erst sprachen die Vertriebsleiter den Filialleitern gegenüber schlecht über den anderen Geschäftsführer und schlussendlich übernahmen auch deren Mitarbeiter eine kritische Haltung – und das, obwohl sie ihn noch nicht einmal persönlich kannten. Das Image des Geschäftsführers, inkompetent und behäbig zu sein, strahlte im Laufe der Zeit auch auf die Abteilungen seines Verantwortungsbereichs ab. Wenn beispielsweise ein Mitarbeiter aus einer Filiale in der Personalabteilung anrief und nicht sofort die Antwort erhielt, um die er gebeten hatte, kam die Aussage: »Typisch Perso – komme ich heute nicht, komme ich morgen. Wenn wir das im Vertrieb auch so machen würden ...«

Der Fisch stinkt immer vom Kopf. Dieser altbekannte Spruch traf leider auch in diesem Unternehmen zu. Was als Problem zwischen zwei Geschäftsführern begonnen hatte, war zum Flächenbrand zwischen Unternehmensbereichen und Abteilungen geworden. Es gab zusehends Spannungen und Konflikte zwischen den einzelnen Abteilungen der beiden Geschäftsbereiche. Frau S. nahm diese Entwicklung mit Sorge auf und entschloss sich, mit ihrem Chef zu sprechen. Sie wollte ihm ein Feedback zu seinem Verhalten geben und ihre Befürchtungen klar äußern. Die Idee war gut – die Umsetzung allerdings eine Herausforderung. Schließlich hatte der Chef sie nicht um ein Feedback gebeten und es konnte sein, dass er ihre Kritik als Einmischen in Dinge sah, die sie nichts angingen. Trotzdem – so wie es lief, konnte und wollte sie es nicht mehr länger schweigend hinnehmen. Sie vermutete, dass ihr Chef sich der Auswirkungen seiner Aussagen nicht bewusst war.

Den Einstieg in das Gespräch bereitete Frau S. gewissenhaft vor. »Wenn ich das vermurkse und vorwurfsvoll rüberkomme, hört er mir gar nicht mehr zu«, war ihre berechtigte Sorge. Kritik zu üben ist eine anspruchsvolle Aufgabe, erst recht, wenn sie unaufgefordert erfolgt. »Wie formuliere ich meine Kritik klar und nachvollziehbar?« Das war die zentrale Frage, die gleichzeitig den Anspruch an das Gespräch deutlich machte. Frau S. folgte den üblichen Feedbackregeln, das heißt, sie beschrieb das Verhalten, das sie wahrgenommen hatte, und im Anschluss erklärte sie, welche Wirkung es bei ihr ausgelöst hatte. Sie konzentrierte sich zunächst auf das oben erwähnte Vertriebsmeeting, um ein konkretes Beispiel heranziehen zu können. Ihre Worte im Gespräch klangen etwa so:

Kritik üben ist eine anspruchsvolle Aufgabe

»Herr X., ich habe Sie in letzter Zeit öfter sehr abwertend über Ihren Kollegen reden hören. Wenn ich an das letzte Vertriebsmeeting denke, erinnere ich mich beispielsweise an den Satz: ›Der hat von unserem Geschäft überhaupt keine Ahnung und richtet mit seinem Unwissen mehr Schaden als Nutzen an.‹ Mich hat das sehr irritiert, und wenn ich die Blicke der Kollegen richtig interpretiert habe, ging es ihnen ähnlich. Wir schätzen Sie alle sehr, und weil das so ist, haben Ihre Worte entsprechendes Gewicht. Ich befürchte, dass die Kollegen und die Abteilungen, die sie verantworten, eine negative Sicht auf Ihren Geschäftsführerkollegen entwickeln. Das wäre für die Zusammenarbeit im Unternehmen nicht förderlich.«

Verantwortung übernehmen – auch für das Verhalten des Chefs

Herr X. war im ersten Moment recht verwundert, vielleicht sogar schockiert über dieses Maß an Kritik. »Übertreiben Sie da nicht, Frau S.?«, fragte er halb vorwurfsvoll, halb rechtfertigend. »Wie fänden Sie es, wenn Ihr Geschäftsführerkollege sich seinen Abteilungsleitern gegenüber in vergleichbarer Weise über Sie äußern würde?«, konterte Frau S. Herr X. rutschte unruhig auf seinem Stuhl hin und her. Man konnte ihm deutlich am Gesicht ablesen, welches Unbehagen diese Vorstellung bei ihm auslöste. Sicherlich war die grundsätzlich vertrauensvolle Arbeitsbeziehung mit Frau S. mitentscheidend für den weiteren Verlauf des Gesprächs. Herr X. räumte ein: »Ich gebe zu, dass ich große Vorbehalte gegenüber meinem Kollegen habe. Wir haben auch schon versucht, unsere Differenzen aus dem Weg zu räumen, aber bisher hat sich nichts geändert. Dass meine kritischen und zugegebenermaßen illoyalen Äußerungen so heftig rübergekommen sind, war mir nicht bewusst.« Er bedankte sich bei Frau S. für ihre offenen Worte und versicherte ihr, in Ruhe darüber nachzudenken.

Nachdem Frau S. das Büro verlassen hatte, saß Herr X. an seinem Schreibtisch. Das Feedback seiner Mitarbeiterin machte ihn sehr betroffen. Klar war, dass er nicht viel von der Kompetenz seines Kollegen hielt und ihn die schlechte Zusammenarbeit stark belastete. Neu für ihn war, dass er sich offensichtlich derart hatte gehen lassen, dass er Aussagen traf, die völlig unangemessen waren. Seinen Kollegen vor anderen schlechtzumachen konnte nicht die Lösung sein und war auch kein Ruhmesblatt für ihn selbst. Herr X. fasste den Entschluss, sich nicht mehr kritisch über seinen Kollegen zu äußern – weder in einem größeren Kreis noch Frau S. gegenüber.

Problem Nummer eins war gelöst. Problem Nummer zwei, nämlich die Beziehung und Zusammenarbeit mit dem Geschäftsführerkollegen, blieb jedoch bestehen. Das Feedback von Frau S. machte deutlich, wie dringend nötig eine Lösung für dieses Problem war. »Selbst wenn ich kein Wort mehr über die schlechte Zusammenarbeit und die aus meiner Sicht vorhandenen Schwächen meines Kollegen sage, ist sicherlich nach wie vor spürbar, dass wir Geschäftsführer alles andere als konstruktiv und professionell zusammenarbeiten. Außerdem macht mich dieser angespannte Kontakt allmählich immer unzufriedener«, fasste Herr X. seine Gedanken zusammen. Er hielt sich tatsächlich ab diesem Zeitpunkt mit kritischen Äußerungen zurück. Zusätzlich schlug er seinem Geschäftsführerkollegen vor, einen externen Coach zu suchen, der ein Klärungsgespräch zwischen den beiden moderieren sollte. Schließlich hatten die Auseinandersetzungen zu zweit keine Veränderung bewirkt.

Der zweite Geschäftsführer stimmte zu. Auch er empfand die Zusammenarbeit mit seinem Kollegen als unangenehm und weit entfernt von konstruktiv. Im anschließenden Coachingprozess gelang es den beiden, einen Minimalkonsens in Bezug auf grundsätzliche operative Themen zu erzielen. Außerdem legten sie gemeinsam Qualitätsstandards für ihre Zusammenarbeit fest. Sie vereinbarten, dass sie innerhalb von zwei Stunden auf die Mail des anderen reagieren würden. Bei öffentlichen Auftritten wie Betriebsversammlungen oder Presseveranstaltungen stimmten sich die Geschäftsführer von nun an im Vorfeld inhaltlich über die wesentlichen Kernbotschaften ab. Zudem gaben sie sich gegenseitig ihre Outlook-Kalender frei und trafen sich einmal wöchentlich zum Jour fixe. So kam es zu keinen Terminkollisionen und auch die Ausrede »Das hat mir mein Geschäftsführerkollege mal wieder vorenthalten« galt nicht mehr.

»Die scheinen sich da oben ja einigermaßen berappelt zu haben«, hörte Frau S. einen Kollegen einige Wochen später sagen. »Ja«, antwortete sie, »ich merke auch, dass die Zusammenarbeit zwischen Herrn X. und seinem Kollegen besser läuft.« In der Tat gaben die Geschäftsführer nach außen ein erheblich stimmigeres und einheitlicheres Bild als vorher ab. Jeder im Unternehmen wusste, dass die beiden niemals Freunde werden würden, aber gleichzeitig konnten sich alle Mitarbeiter nun darauf verlassen, dass wichtige Entscheidungen abgestimmt und von beiden getragen wurden.

Wer weiß, wohin das Ganze geführt hätte, wenn Frau S. ihre Kritik zurückgehalten hätte? Als verantwortungsbewusste TOP-Arbeitnehmerin, die sich auch zuständig für Probleme fühlt, die außerhalb ihres Aufgabengebiets liegen, hatte sie den Stein zur rechten Zeit ins Rollen gebracht.

Lästern ist etwas für Feiglinge: miteinander statt übereinander reden

Auf manchen Bürofluren geht es zu wie in einer Tratschbude. A redet schlecht über B, B lästert über C und C tratscht ständig über A und B. Dieses »Spiel« lässt sich je nach Anzahl der Beteiligten beliebig erweitern.

 **Lästern kostet Zeit, bindet Energie und hat nichts mit dem Verhalten eines TOP-Arbeitnehmers zu tun.**

Schlecht über andere zu reden, gehört eher zu den typischen Mustern eines Feiglings. Denn eines steht fest: Lästern geht immer hintenherum und derjenige, um den es geht, erfährt meistens als

Letzter davon. Das folgende – zugegeben im ersten Moment lapidar wirkende – Beispiel zeigt, wie aus einem kleinen Strohfeuer ein ausgewachsener Flächenbrand wird: weil die Beteiligten es nicht geschafft haben, frühzeitig miteinander zu reden.

Herr N. stand morgens am Kopierer, als plötzlich seine Kollegin Frau A. in den Raum stürzte. Sie hetzte auf den Kopierer zu und rempelte Herrn N. etwas unsanft aus dem Weg. »Ich muss nur mal ganz schnell eine Kopie

Aus Strohfeuer wird Flächenbrand

machen«, sagte sie, während sie seine Unterlagen aus dem Gerät nahm und durch ihre ersetzte. In der Hektik trat sie Herrn N. auch noch auf den Fuß, schien das aber nicht zu bemerken, denn so schnell, wie sie in den Raum gekommen war, so schnell war sie mit ihrer Kopie in den Händen auch schon wieder draußen. Wie ein begossener Pudel stand Herr N. neben dem Kopierer. Er war völlig entsetzt. So geht man doch nicht miteinander um! Das musste er unbedingt Frau B. erzählen. Gedacht, getan. Herr N. ging ins Büro von Frau B.: »Also, Frau A. geht mir echt auf die Nerven. Was bildet die sich eigentlich ein? Da stehe ich am Kopierer, sie kommt rein, nimmt einfach meine Sachen aus dem Gerät und kopiert ihren Kram. Beim Rausgehen ist sie mir dann auch noch auf den Fuß gelatscht – aber kein Wort der Entschuldigung. Unfassbar!« Frau B. unterbrach sofort ihre Arbeit und hörte interessiert zu. Schließlich ergänzte sie: »Das kenne ich! Die ist öfter so. Ich verstehe gar nicht, dass unser Chef das Verhalten toleriert. Kunden gegenüber ist sie nämlich genauso unverschämt.« Herr N. fühlte sich bestätigt und es ging ihm schon besser. Geteiltes Leid war schließlich halbes Leid. Nachdem er das Büro von Frau B. verlassen hatte, ging diese rüber zu ihrem Kollegen Herrn G. »Sag mal, was ist denn mit Herrn N. los? Der regt sich ja über alles und jeden auf. Er war gerade bei mir und hat sich über Frau A. echauffiert.« »Ich weiß nicht, was er hat, aber mir geht seine ständige Nörgelei und schlechte Laune auch auf die Nerven. Der ist doch genauso unverschämt und rücksichtslos wie Frau A.« Frau B. ging daraufhin zurück in ihr Büro, wo Frau A. auf sie wartete, um einen Vorgang mit ihr abzustimmen. Frau B. schloss ihre Bürotür, genau in dem Moment, in dem Herr N. den Kopierraum gegenüber verließ. Für Herrn N. war damit sofort klar, dass nun hinter verschlossener Tür schlecht über ihn geredet würde. »Bestimmt erzählt Frau B. Frau A. nun brühwarm, dass ich mich über sie geärgert habe. Zu der gehe ich nie wieder!«

Tratschen, spotten, lästern: Kaffeeklatsch unter Feiglingen

Ist Ihnen nun schwindelig? Fragen Sie sich, wer jetzt eigentlich wem was erzählt hat und mit welchem Ziel? Und überhaupt: Was ist das denn eigentlich für ein Kindergarten? »Du hast mich geschubst.« »Nein, du hast angefangen!« Mimimi. Traurig, aber wahr. Diese Geschichte ist genau so in einem großen Handelskonzern passiert. Kindisch und kontraproduktiv – gar keine Frage und dennoch zeigen Erwachsene in Unternehmen so ein Verhalten jeden Tag aufs Neue. Mit gravierenden Folgen, die so gar nichts mehr mit Kindergarten-Problemen zu tun haben: Wenn Menschen nicht miteinander, sondern übereinander reden, entstehen Verwirrung und Misstrauen. Am Ende redet jeder über jeden schlecht und worum es anfangs inhaltlich ging, ist niemandem mehr klar. Was aber klar ist: Die Stimmung wird immer schlechter und die Unzufriedenheit größer. In solch einer Arbeitsatmosphäre arbeitet niemand gerne, geschweige denn effektiv und erfolgreich.

Teams, die über lange Zeit lästern, sind so daran gewöhnt, dass es irgendwann sehr schwerfällt, eingefahrene Verhaltensmuster zu verändern. Doch wie kommen Teams aus diesem Teufelskreis heraus? Sie müssen zwei Regeln befolgen. Erstens: Ab sofort nicht mehr über Kollegen reden, sondern Störungen direkt ansprechen. Und da Kommunikation keine Einbahnstraße ist, ist die zweite Regel genauso wichtig: Sobald eine Lästerattacke an den Empfänger herangetragen wird, fordert dieser sein Gegenüber auf, direkt mit der Person zu sprechen, über die er sich geärgert hat.

In Bezug auf unser Beispiel hätte dies bedeutet, dass Herr N. nach dem Vorfall am Kopiergerät das Gespräch mit Frau A. sucht, um seinem Ärger angemessen Ausdruck zu verleihen. Nehmen wir an, das klappt nicht. Er fällt in alte Muster zurück und möchte sich bei Frau B. über Frau A. auslassen. In diesem Fall müsste Frau B. sich deutlich abgrenzen und zum Beispiel sagen: »Herr N., wir haben vereinbart, Dinge im direkten Kontakt zu klären. Bitte sprechen Sie doch mit Frau A., ich bin da nicht die richtige Anlaufstelle.« Nur so würde Frau B. den Kreislauf des Übereinander-Redens unterbrechen. Lästern hat immer zwei Beteiligte: einen, der lästert, und einen, der zuhört. Letzterer mischt genauso mit und trägt gleichermaßen Verantwortung für die Kommunikationskultur in Unternehmen.

Lassen Sie uns nun noch einmal auf die Erlebnisse der Personen aus diesem Kapitel zurückblicken:

- Frau K., die dank ihrer Klarheit von der frustrierten Außendienstmitarbeiterin zu einer zufriedenen Personalreferentin wurde
- Die Mitarbeiter der Bankfiliale, die gelernt haben, dass Klarheit nicht Interpretation, sondern couragiertes Miteinanderreden bedeutet
- Frau S., die den gemeinsamen Erfolg im Unternehmen gefährdet sah und mit einem klaren Feedback an ihren Chef interveniert hat
- Herr N. und seine Kollegen, die rechtzeitig die Kurve gekriegt haben: von der Lästerei zur klaren und direkten Ansprache

All diese Menschen haben Klarheit als entscheidenden Faktor für Zufriedenheit und konstruktive Zusammenarbeit erkannt. Doch erst in Verbindung mit ihrer Courage, die Dinge anzusprechen und auf den Punkt zu bringen, haben sie Veränderung ausgelöst und Weiterentwicklung ermöglicht. TOP-Arbeitnehmer wissen, dass Klarheit und Courage nur im Tandem wirksam werden, und handeln danach. Feiglinge hingegen schweigen, leiden, erdulden und geraten dadurch in den Teufelskreis von Misserfolg und Unzufriedenheit.

Für den schnellen Leser

- Klarheit ist Ausdruck und Ergebnis des Miteinanders in Unternehmen und damit Kennzeichen einer Unternehmenskultur.

- TOP-Arbeitnehmer fordern und fördern Klarheit.

- Klarheit ist die Basis für sinnvolle Entscheidungen.

- Fragen sind ein Schlüssel zur Klarheit.

- TOP-Arbeitnehmer fragen sich regelmäßig, wie zufrieden sie in ihrem Job sind.

- TOP-Arbeitnehmer justieren ihren Grad an Offenheit abhängig von ihrem Gesprächsziel und ihrer Risikobereitschaft.

- Klarheit und Offenheit stellen die Weichen für Veränderung.

- Klarheit und Offenheit verhindern häufig die Eskalation von Konflikten am Arbeitsplatz.

- Fragen schützen vor Fehlinterpretation.

- Fragen beugen Missverständnissen vor.

- TOP-Arbeitnehmer äußern Kritik auch ungefragt.

- TOP-Arbeitnehmer reduzieren ihre Verantwortung nicht auf den eigenen Zuständigkeitsbereich.

- Feedback gehört zum Verhaltensrepertoire eines TOP-Arbeitnehmers.

- Tratschen gilt als Hobby der Feiglinge und ist Teamkiller Nummer eins.

- Klarheit ist Voraussetzung für Zufriedenheit und konstruktive Zusammenarbeit.

3. Courage

Mut und Courage – zwei Worte, die auf den ersten Blick ein und dieselbe Bedeutung haben. Doch aus meiner Sicht sind sie nicht synonym zu verstehen, sondern ganz klar voneinander abzugrenzen: *Mut* ist das Überwinden von Angst und bezieht sich auf eine konkrete Situation oder Handlung. *Courage* geht noch ein Stück über Mut hinaus. Sie ist eine innere Haltung: die Bereitschaft, zu sich selbst zu stehen. Sie drückt sich im grundsätzlichen Verhalten eines Menschen aus und ist daher dauerhaft präsent und wahrnehmbar. Sie kann sich im Laufe eines Lebens durch Erfahrungen oder durch einen bewussten inneren Prozess verändern. Das ist gut so, denn damit hat jeder die Möglichkeit, seinen Grad an Courage zu beeinflussen.

Ohne Courage gäbe es keine eigenen Meinungen, keine unkonventionellen Entscheidungen, kein Verlassen eingefahrener Wege, kein Wachstum und keine TOP-Arbeitnehmer. Kurz: Ohne Courage würde unsere

Courage – der Motor unserer Arbeitswelt

Wirtschaft stillstehen. In unserer Arbeitswelt, die volatil, unsicher, komplex und mehrdeutig ist, spielt Courage eine große Rolle. Das gilt nicht nur für Unternehmer, sondern selbstverständlich auch für deren Beschäftigte. Mitarbeiter müssen sich immer wieder auf neue Aufgaben, Funktionen, Chefs und Kollegen einlassen. Übernahmen und Fusionen nehmen massiven Einfluss auf die Unternehmenskultur, deren Veränderung für alle im Unternehmen spürbar ist. Dieser Change ist ohne eine gute Portion Courage der Betroffenen und Beteiligten nicht zu schaffen.

Wie es um die eigene Courage steht, kann nur jeder für sich beurteilen. Wenn wir zum Beispiel klipp und klar eine Meinung zum

Ausdruck bringen, halten uns andere für mutig und couragiert. Doch möglicherweise sind wir auch das genaue Gegenteil: wenn die geäußerte Meinung gar nicht der tatsächlichen eigenen Ansicht entspricht, sondern lediglich als solche verkauft wird – weil sie gerade »in« ist oder wir uns schlichtweg nicht trauen, die eigene Sichtweise zu äußern. Das nennt man dann nicht mutig oder couragiert, sondern feige. Wenn das der Fall ist, sollten die inneren Alarmglocken läuten und die Frage nach der eigenen Courage aufwerfen. Klarheit und Courage erhöhen die Chance auf Zufriedenheit, daher sind sie *die* wesentlichen Merkmale des TOP-Arbeitnehmers. Wer weiß, was er will, und sich dafür engagiert, erhöht die Wahrscheinlichkeit, zu bekommen, was er möchte. Das klappt natürlich nicht immer. Aber auch wenn nicht, macht es uns zufriedener, als hätten wir es erst gar nicht versucht.

Mut: Woher, warum, wozu?

Fangen wir mit dem Mut an. Woher kommt Mut? Warum gibt es ihn und wozu brauchen wir Mut überhaupt? Die Antworten auf diese Fragen klingen ziemlich simpel:

- ◆ *Woher?* Aus sich selbst heraus.
- ◆ *Warum?* Weil es ein Motiv gibt, das stärker ist als die Angst.
- ◆ *Wozu?* Weil wir glauben, dass Mut zu einer Verbesserung führt.

Simpel, but not easy! Was so einfach daherkommt, ist in Wirklichkeit ganz schön anspruchsvoll. Das weiß jeder, der schon einmal um Mut gerungen hat.

 **Das häufigste Motiv, Mut aufzubringen, ist Unzufriedenheit.**

Je unzufriedener ein Mitarbeiter an seinem Arbeitsplatz ist, desto höher die Wahrscheinlichkeit, dass er die Bereitschaft zur Initiative entwickelt.

So war es auch bei Frau S. Sie arbeitete seit acht Jahren als Verkäuferin in einem Einzel- handelsunternehmen. Wie in vielen Unter- nehmen hatte es auch in dieser Firma in den zurückliegenden Jahren immer wieder Ver-

Folgen der Umstrukturierung

änderungen gegeben, die sich auch in den einzelnen Stores deut- lich ausgewirkt hatten. So wurde zum Beispiel die Produktpalette laufend erweitert. Die Folge war, dass das Personal auch sein Fach- wissen ständig erweitern musste. Zudem wurde immer mehr Per- sonal abgebaut, was bedeutete, dass weniger Mitarbeiter mehr Ar- beit in höherem Tempo leisten mussten. Die neuen Anforderungen schürten die Konkurrenz untereinander. Es war ganz schön viel, was da von den Mitarbeitern erwartet wurde. Aber Frau S. fühlte sich dennoch wohl in ihrem Job. Sie liebte den Umgang mit Kunden und das Verkaufen fiel ihr leicht. Außerdem wusste sie, dass es in anderen Firmen ähnlich aussah. Da war ihr Arbeitgeber keine Aus- nahme. Dementsprechend gelassen nahm sie die Ankündigung der nächsten Restrukturierung auf. Das Unternehmen wollte die An- zahl der Storeleiter reduzieren, um flachere Hierarchien zu schaf- fen. Im Klartext hieß das, dass künftig nicht mehr jeder Store eine eigene Führungskraft haben würde, sondern jeweils sechs bis acht Stores von einer Person geleitet würden. Das führte unweigerlich dazu, dass eine ganze Reihe von Storeleitern ihre Führungsfunktion verloren. So auch die Chefin von Frau S., die nach der Umstruktu- rierung von der Storeleiterin zur ganz »normalen« Verkäuferin am selben Standort wurde. Das war bestimmt nicht einfach für Frau G., nach so vielen Jahren die Chefrolle abzugeben, dachte sich Frau S. Sie ahnte an dieser Stelle nicht, wie recht sie hatte und wie un- glaublich schwer Frau G. diese Veränderung fiel. Genauer gesagt, war Letztere gar nicht bereit, diese überhaupt umzusetzen. Im Gegenteil: Sie führte sich im Team so auf, als wäre sie immer noch die Chefin, allerdings deutlich inkompetenter und unprofessioneller als vorher. Dauernd kommandierte sie ihre Kolleginnen herum und übte Kritik an deren Verhalten. »Der Kunde hätte den Mantel bestimmt gekauft, wenn Sie auf das besonders hochwertige Material hingewiesen hätten.« »Das Regal mit den Pullovern sieht aus, als hätte eine Bombe eingeschlagen. Räumen Sie das sofort auf!« Hinzu kam, dass Frau G. kein gutes Haar am neuen Vorgesetzten ließ. Sobald dieser den Store nach einem Besuch verlassen hatte, ging die Lästerei los. »Der hat doch von nix Ahnung«, war da noch einer der harmloseren Sätze. Frau S. war klar, dass das Verhalten ihrer ehemaligen Chefin Ausdruck ihrer Unzufriedenheit war, und sie hoffte, dass sich das legen würde, sobald diese ihre neue Rolle akzeptiert hätte. Aber weit gefehlt! Das Verhalten von Frau G. wurde immer unerträglicher und die Stimmung im Store schlechter.

Unzufriedenheit – die Initialzündung für Mut

Frau S. war verzweifelt. Ihr Job, der ihr immer Spaß gemacht hatte, war zur großen Belastung geworden. Sie fuhr morgens mit Bauchschmerzen zur Arbeit und abends frustriert nach Hause. Feige Mitarbeiter hätten diesen Zustand als Mitläufer stillschweigend Woche um Woche und Monat um Monat ertragen. Als Undercover-Mitarbeiter hätten sie sich jammernd an ihre Kollegen gewendet. Hintenherum natürlich und derart penetrant, dass sich kaum jemand ihrer Lästerei hätte entziehen können. Doch das wollte Frau S. auf keinen Fall. »So kann es nicht weitergehen!«, sagte sie sich eines Tages und überlegte, was zu tun sei. Frau G. beim Chef anschwärzen? »Nein, kein guter Weg«, dachte sie sich. Besser war erst einmal ein Gespräch mit Frau G., am besten mit dem ganzen Team. Schließlich waren die Kolleginnen gleichermaßen betroffen und unzufrieden. Aber weit gefehlt: Keine der Kolleginnen war zu einem derartigen Gespräch bereit. »Das bringt doch eh nichts.« Ein typischer Satz von Feiglingen. Doch Frau S. war kein Feigling. Trotzdem musste sie innerlich um Mut und Courage ringen, denn das zu führende Gespräch hatte ebenso viele Risiken wie Chancen. Was wäre, wenn sich Frau G. künftig auf Frau S. einschießen würde, weil diese das Gespräch gesucht hatte? Was wäre, wenn nachher alles noch schlimmer würde als vorher?

In unserem Coaching stellte ich Frau S. die Gegenfrage: »Was wäre, wenn Sie das Gespräch nicht führen?« »Dann bleibt vermutlich alles, wie es ist.« Das war der Punkt, an dem Frau S. die drei Mut-Fragen »Woher? Warum? Wozu?« schlagartig beantworten konnte.

- *Woher* den Mut nehmen? Aus ihrem Inneren; Mut ist keine Leihgabe, die man sich woanders borgen kann.
- *Warum?* Weil sie unzufrieden war und ihre Lebensqualität darunter litt.
- *Wozu?* Weil sie die Situation verbessern wollte und bereit war, Risiken dafür einzugehen.

Es gab mehrere Gespräche zwischen den beiden Frauen und anfangs hielt Frau S. die Aussicht auf Erfolg für relativ gering. Aber das sollte sich noch ändern. Dazu später mehr.

Ich sehe was, was mein Chef nicht sieht

Die Überschrift erinnert an ein Spiel aus Kindertagen: »Ich sehe was, was du nicht siehst, und das ist rot.« Der Mitspieler muss erraten, welchen Gegenstand der andere meint. Ein Spiel, das Kindern viel Freude bereitet.

Wenn Chefs allerdings nicht sehen, was ihre Mitarbeiter im Blick haben, löst das alles andere als Freude aus. Erschwerend kommt hinzu, dass die Mitarbeiter dem Chef oftmals gar nicht sagen, dass sie etwas sehen, was dieser nicht sieht. Das sind die Undercover-Mitarbeiter und Mitläufer. Sie behalten Wahrnehmungen und Kritik eher für sich, tauschen sich vielleicht untereinander aus – aber in Richtung Chef geht davon nichts. Es könnte ja sein, dass er verstimmt reagiert, wenn man ihn darauf anspricht. Oder es könnte sogar passieren, dass dem Überbringer der Botschaft Nachteile daraus entstehen. Da braucht es schon eine Portion Mut, um diese Risiken einzugehen.

Kommen wir zurück zu Frau S., deren ehemalige Chefin, jetzt Kollegin, ihr Verhalten nicht änderte – auch nach mehreren Gesprächen nicht. Die Rückmeldung von Frau S. prallte an Frau G. ab. Die Stimmung im Team war inzwischen sehr angespannt und hinterließ sichtbare Spuren. Die Kolleginnen meldeten sich häufiger krank als früher, und eine Kollegin hatte Frau S. anvertraut, dass sie sich nach einem anderen Job umschaute. Wenn das alles der »neue« Chef wüsste! »Ob er überhaupt etwas von der Situation ahnt?«, fragte sich Frau S. Zuerst leise, doch dann wurden die Fragen immer lauter und es kamen weitere hinzu:

- »Schwärze ich meine Kollegin nicht an, wenn ich mich über sie beim Chef beschwere?«
- »Mache ich das im Alleingang oder informiere ich Frau G. über meine Vorgehensweise?«
- »Ist es sinnvoll, das Gespräch mit dem Chef alleine oder zu dritt zu führen?«
- »Was ist, wenn Frau G. dem Chef gegenüber alles abstreitet und er ihr glaubt? Dann stehe ich nachher im Regen.«
- »Ist es nicht einfacher, wenn ich mir einen anderen Job suche, so wie es meine Kollegin bereits tut?«

Gut, dass Frau S. sich diese Fragen stellte, denn Mut ist das Ergebnis eines inneren Dialogs, den TOP-Arbeitnehmer immer wieder führen. Menschen brauchen Klarheit über die Lage und über ihren Grad an Motivation, um die Situation und das Maß an Risikobereitschaft zu verändern. Die Antworten auf diese Fragen gaben Frau S. den Mut, das Gespräch mit ihrem Chef zu suchen.

Es sollte gut und gewissenhaft überlegt sein, ob und wann man sich an seinen Chef wendet, um sich über einen Kollegen zu beschweren. Das ist sowohl für Mitarbeiter als auch für Führungskräfte eine sensible Situation. Wenn die Beteiligten professionell damit umgehen, ist es oft ein sinnvoller Weg. Frau S. war sich bewusst, dass sie die einzelnen Schritte gut planen musste. Zunächst rief sie ihren Vorgesetzten an und erklärte ihm, dass die Beziehung zwischen ihr und Frau G. schon länger angespannt sei. Trotz einiger Gespräche hatten sie die Situation bisher nicht klären können. Ihr Wunsch sei daher ein Gespräch zu dritt, das ihr Vorgesetzter moderieren und bei der Lösung des Problems unterstützen sollte. Der Chef zeigte sich erstaunt. Er hatte bisher nichts von Spannungen in dem Store mitbekommen. Bei seinen Besuchen wirkten alle Mitarbeiterinnen immer gut gelaunt und motiviert. Frau G. war ihm gegenüber zwar etwas zurückhaltend, aber sie brauchte sicherlich noch etwas Zeit, sich mit ihrer neuen Rolle im Team zu arrangieren. Er erklärte sich sofort zu einem Gespräch bereit und schlug Frau S. vor, Frau G. selbst darüber zu informieren, dass sie um ein Gespräch gebeten hätte.

Konflikte ansprechen

Gut war an dieser Stelle, dass der Vorgesetzte zu diesem Zeitpunkt noch nicht inhaltlich eingestiegen war. Er hatte Frau S. mit keiner Silbe gefragt, worum es denn genau ginge. Das war wichtig für seine Neutralität im Hin-

Der Vorgesetzte als neutraler Moderator

blick auf das Gespräch zu dritt. Frau S. nahm sich noch am selben Tag ein Herz und sprach ihre Kollegin an: »Frau G., wir beide haben in mehreren Gesprächen versucht, unsere Zusammenarbeit zu verbessern, und es ist uns nicht gelungen. Da mir nach wie vor sehr daran gelegen ist, habe ich die Idee, ein weiteres Gespräch gemeinsam mit unserem Chef zu führen. Ich habe ihn um einen Termin zu dritt gebeten, den er kurzfristig mit uns abstimmen möchte. Zum Inhalt unserer Spannungen habe ich nichts gesagt, weil wir das gemeinsam tun sollten.« Frau G. musste erst einmal schlucken. Damit hatte sie nicht gerechnet. Doch aus der Nummer kam sie jetzt so schnell nicht mehr heraus. Das Gespräch fand bereits am darauffolgenden Tag statt. Auch das war gut, denn die Nerven der beiden Frauen waren nach der Terminvereinbarung noch angespannter als vorher. »Wie das wohl wird?« war eine Frage, die beide beschäftigte.

Frau S. stimmte sich auf dem Weg zu dem Termin bewusst auf das Gespräch ein. Inhaltlich war klar, was sie sagen wollte. Jetzt musste sie allerdings den nötigen Mut aufbringen. Wenn dieser sie in letzter Minute verließ, wäre alle Mühe umsonst gewesen und die Situation würde vermutlich kein Stück besser. *Woher – warum – wozu?* Die Antworten auf die drei Mut-Fragen hatte sich Frau S. zur Sicherheit in ihr Smartphone eingespeichert, obwohl sie sie längst verinnerlicht hatte.

Das Gespräch fand in einem Besprechungsraum der Zentrale statt und die beiden Mitarbeiterinnen trafen einige Minuten vor 9 Uhr dort ein. Die Stimmung war deutlich angespannt, aber beide Frauen bemühten sich, ihre Nervosität durch Small Talk in den Griff zu bekommen. »Immerhin reden sie noch miteinander«, dachte der Vorgesetzte, als er den Raum betrat. Er entschloss sich, direkt ins Thema einzusteigen, um die Anspannung der Mitarbeiterinnen nicht noch größer werden zu lassen.

»Frau S., Sie haben mich gestern angerufen und um ein gemeinsames Gespräch mit Frau G. gebeten. Wir waren so verblieben, dass Sie Frau G. diesen Wunsch mitteilen, und ich habe die entsprechende Einladung für unseren Termin an Sie beide geschickt. Das Einzige, was ich inhaltlich weiß, ist, dass es Spannungen zwischen Ihnen gibt, die Sie bisher nicht lösen konnten. Haben wir bis zu diesem Punkt das gleiche Verständnis darüber, warum wir hier zusammensitzen?« Ein Kompliment an den Chef – guter Einstieg! Er beschrieb, wie es zu dem Gesprächstermin gekommen war, machte deutlich, dass er von Frau S. keine inhaltlichen Details erfahren hatte, und drückte so seine Neutralität aus. Gleichzeitig stellte er sicher, dass alle drei in den genannten Punkten übereinstimmen.

Frau S. bestätigte sofort mit einem klaren »Ja«. Frau G. rutschte unruhig auf ihrem Stuhl hin und her und nahm die Frage zum Anlass, direkt inhaltlich einzusteigen: »Also, dass Frau S. ein Gespräch zu dritt will, hat mich gestern doch ziemlich überrascht. Klar, die Stimmung ist manchmal angespannt – aber das gehört zum Job dazu. Es kann schließlich nicht immer nur gelacht werden.« »Damit Sie im Store zukünftig wieder entspannter zusammenarbeiten können, sitzen wir heute hier. Ich moderiere Ihren Austausch und möchte Sie dabei unterstützen, konstruktive Ideen zu finden, wie Sie Ihre Zusammenarbeit verbessern können. Bitte sprechen Sie sich während des Gesprächs direkt an, sonst klingt es so, als sprächen Sie übereinander anstatt miteinander. Also nicht ›Frau S. oder Frau G. hat …‹, sondern ›Frau S., Sie haben …‹ Alles klar? Dann legen wir los.« Zweites Kompliment an den Chef: Seine eindeutigen Regeln fördern die Klarheit und Direktheit – Gütemerkmale von TOP-Arbeitnehmern.

»Frau S., da die Initiative für das heutige Gespräch von Ihnen ausging, bitte ich Sie zu beschreiben, worum es genau geht.« Frau S. nahm den Ball des Vorgesetzten auf und beschrieb die Situation

aus ihrer Perspektive. Sie achtete darauf, ihre Kollegin direkt anzusprechen, so, wie es vereinbart war. »Frau G., als Sie Storeleiterin waren, haben wir viele Jahre gut zusammengearbeitet. Ich fand unseren Umgang miteinander unkompliziert, wir haben uns gegenseitig unterstützt, wenn der Laden brummte. Und wenn mal etwas nicht gut lief, haben wir gemeinsam nach Ideen gesucht. Ihre Kritik haben Sie immer unter vier Augen geäußert und Meinungsverschiedenheiten konnten wir zeitnah und wertschätzend klären. Seit einigen Monaten hat sich das Miteinander stark verändert. Aus einem freundlichen ›Können Sie bitte bei nächster Gelegenheit das Regal aufräumen?‹ wurde ein befehlendes ›Räumen Sie sofort das Regal auf!‹. Und es ist mehrfach vorgekommen, dass Sie mich vor einem Kunden kritisiert haben. Das war mir total peinlich und auch nicht professionell. Insgesamt habe ich das Gefühl, Sie kehren mehr die Chefin heraus als je zuvor – obwohl Sie es gar nicht mehr sind.«
Pause, Schweigen – für nahezu eine halbe Minute. Frau G. musste die Worte erst einmal verdauen, und es war gut, dass der Vorgesetzte ihr die Zeit dafür einräumte. Die 30 Sekunden kamen Frau S. wie eine Ewigkeit vor, und sie war erleichtert, als Frau G. endlich anfing zu reden.

»Ich finde, einer im Store muss den Hut aufhaben. Wenn Sie, Frau S., sagen, dass ich mich verändert habe, seit ich nicht mehr Storeleiterin bin, dann sage ich Ihnen, dass Sie Ihr Verhalten ebenfalls geändert haben, seitdem keine Chefin mehr vor Ort ist. Ich erlebe Sie weniger stark im Verkauf und auf Ordnung in den Regalen legen Sie offensichtlich auch keinen Wert mehr. Da bleibt mir im Tagesgeschäft nichts anderes übrig, als das deutlich zu sagen.«

An dieser Stelle ergriff der Vorgesetzte das Wort und brachte Struktur in das bisher Gesagte. »Also, es geht einmal um den Inhalt, also den Anlass für eine Auseinandersetzung. Gehört habe ich da zum Beispiel den Zustand der Regale oder den Verlauf und die Ergebnisse von Kundengesprächen. Zum anderen geht es um die Art und Weise der Kritik und um die Frage, ob sie angemessen ist. Habe ich das richtig verstanden?«

Nach kurzem Nachdenken stimmten beide Damen zu. »Okay«, fuhr der Chef fort, »gut finde ich, dass Mitarbeiter eines Stores gemeinsam die Verantwortung für den Zustand des Ladens übernehmen und zum Beispiel darauf achten, dass die Regale aufgeräumt und ansprechend aussehen. Es ist ja in der Regel der Kunde, der die Sachen ungeordnet und nicht gefaltet zurücklegt – und den können wir schlecht darum bitten, die Sachen wieder aufzuräumen.« Alle drei mussten an der Stelle schmunzeln. »Also, was schlagen Sie vor, wer die Regale oder auch die Umkleidekabinen aufräumen sollte, wenn nicht der Kunde?« Frau G. und Frau S. warfen sich einen Blick zu und waren sich schnell einig: »Das ist natürlich unsere Aufgabe.« »Genau – und wie wollen Sie das künftig regeln, ohne dass es zu Spannungen kommt?« »Ich meine, dass diejenige, der auffällt, dass etwas aufgeräumt werden müsste, dieses auch direkt tut«, schlug Frau S. vor. »Auf keinen Fall!«, entgegnete Frau G. sofort. »Dann sehe ich mich ständig aufräumen. Ich fände es besser, wenn wir das nach Tagen einteilen. Jeder aus unserem Store ist an einem bestimmten Wochentag dafür zuständig, dass die Verkaufsfläche ordentlich aussieht.« Damit war Frau S. einverstanden und die erste Vereinbarung stand. Da hiervon auch die anderen Teammitglieder betroffen waren, erklärte sich der Vorgesetzte bereit, diese Regel auf dem nächsten Meeting für alle zu verkünden.

Bezüglich der Qualität der Kundengespräche vereinbarten Frau G. und Frau S., dass sie sich vorläufig mit Feedback zurückhalten würden. Die angespannte Beziehung untereinander ließ das einfach momentan nicht zu. »Aber was nicht ist, kann ja noch werden«, betonte der Vorgesetzte mit positivem Blick nach vorne.

»Ich möchte nochmals einen Gedanken aufgreifen, den Sie beide am Anfang benannt haben. Es ist der Umstand, dass die Stores keinen Leiter mehr haben, der täglich vor Ort ist. Die kollektive Verantwortung ist für alle neu – und ich glaube, insbesondere für ehemalige Storeleiter eine große Umstellung. Hinzu kommt eine mögliche Enttäuschung darüber, keine Leitungsfunktion mehr zu haben. Dabei spreche ich insbesondere Sie an, Frau G. Habe ich damit recht?« Frau G. zog ein Taschentuch hervor. Ihr Chef hatte es genau auf den Punkt gebracht. Sie war wirklich gerne Storeleiterin gewesen und konnte sich so gar nicht auf die Rolle der Mitarbeiterin einlassen. Das fühlte sich wie eine Zurückstufung an. Aber in Gegenwart von Frau S. wollte sie das keinesfalls zugeben. Es war ihr irgendwie unangenehm. Sie musste es auch nicht aussprechen, denn ihre Tränen machten auch ohne Worte deutlich, wie sehr ihr das zusetzte. Dem Vorgesetzten war bewusst, dass nun eine inhaltliche und emotionale Ebene erreicht war, die eindeutig in ein Vier-Augen-Gespräch gehörte. »Frau G., ich glaube, Ihre Tränen drücken aus, wie sehr Sie das Thema bewegt. Ich möchte Sie gerne dabei unterstützen, in die neue Rolle hineinzufinden und Frieden mit der Situation zu schließen. Dies würde ich gerne unter vier Augen tun. Wollen wir beide dazu einen zeitnahen Termin vereinbaren?« Frau G. stimmte ohne Zögern zu. »Dann sind wir aus meiner Sicht ein gutes Stück weitergekommen. Sie haben zwei wichtige Vereinbarungen getroffen: Jeder im Team ist an einem bestimmten Tag fürs Aufräumen zuständig und Sie beide geben sich vorläufig kein Feedback zu Verhalten in Kundengesprächen, erst recht nicht in Gegenwart von Kunden. Das neue Rollenverständnis von Ihnen, Frau G., schärfen wir gemeinsam in einem separaten Gespräch. Ich bin mir sicher, dass sich das Miteinander dadurch deutlich entspannen wird.«

Frau S. war erleichtert: Die Vereinbarungen würden sicherlich einiges leichter machen. Regelrecht berührt hatten sie die Tränen von Frau G. Dass der Verlust der Führungsrolle derart an ihr nagen würde, hatte sie nicht vermutet. Sie wünschte Frau G., dass sie ihre neue Rolle als Verkäuferin bald nicht nur akzeptieren, sondern auch mit Freude annehmen könnte.

Und tatsächlich halfen die Gesprache mit dem Vorgesetzten Frau G. dabei, eine Identität als Mitarbeiterin zu finden. Sie entschied sich bewusst für die Rolle als »ganz normales Teammitglied«. Dank ihrer klaren und mutigen Auseinandersetzung mit der eigenen Situation und der Entscheidung, etwas zu verändern, wurde Frau G. wieder zufriedener im Job. Sie kam morgens gut gelaunt zur Arbeit und trug mit ihrem veränderten Verhalten wesentlich dazu bei, dass die Stimmung im Store für alle besser wurde. Frau S. war froh, die starre, festgefahrene Situation durch ihre Initiative in Bewegung gebracht zu haben. Sie hatte mutig Verantwortung übernommen. Dass sie ihrer Haltung treu blieb, beweist, dass sie nicht nur Mut, sondern Courage besaß.

Courage als Teil der Unternehmenskultur

Auch der Vorgesetzte war froh darüber, dass Frau S. so mutig und couragiert gehandelt hatte. Ihm war erneut bewusst geworden, dass Mitarbeiter Dinge anders sehen, als seine Perspektive als Chef es zulässt. Und so entschloss er sich, künftig zum einen aufmerksamer wahrzunehmen und seine Mitarbeiter zum anderen häufiger zu fragen, wie zufrieden sie sind und was aus ihrer Sicht gut und was schlecht läuft. Fragen zu stellen und Antworten zuzulassen sind Qualitätsmerkmale einer Mutkultur, die streng genommen »Couragekultur« heißen müsste. Eine solche Kultur im Unternehmen unterstützt die Entwicklung von TOP-Arbeitnehmern.

Einmal ist kein Mal: Feedback als laufender Prozess

Ein Feedback, vor allen Dingen ein kritisches, ist deutlicher Ausdruck von Courage. Jemand traut sich, auszusprechen, wie er die Verhaltensweisen anderer erlebt. Kollegen zu sagen, wie man sie wahrnimmt, welches Verhalten gefällt und welches stört, ist eine der größten Herausforderungen. Wenn dieses Feedback dann auch noch hierarchieübergreifend, also an den Chef adressiert werden soll, wird es für viele noch anspruchsvoller. Eine Feedbackkultur gehört in jedes Unternehmen der heutigen Arbeitswelt, in der Schnelllebigkeit und Komplexität dazu führen, dass der Einzelne nicht mehr alles wahrnehmen kann, was um ihn herum passiert, und auch nicht, welche Reaktionen sein Verhalten bei anderen auslöst. Da braucht es TOP-Arbeitnehmer, die die Courage aufbringen, ihre Sichtweisen einzubringen – nicht nur einmal, sondern laufend, also regelmäßig. Fehlt es an Courage, werden die Rückmeldungen weichgespült oder gar nicht erst gegeben. Ein guter Feedbackprozess verfolgt im Wesentlichen zwei Ziele: Er dient dem Ausdruck von Wahrnehmungen und Sichtweisen und gibt dem Feedbacknehmer eine Orientierung zur Wirkung seines Verhaltens. Salopp ausgedrückt führt ein Feedback dazu, dass die Beteiligten wissen, woran sie sind. Ein Feedback ist demnach eine Investition in Klarheit – das beste Mittel gegen Lästern (Kapitel 2).

Feedback ist Investition in Klarheit

Teams, die regelmäßig Feedback praktizieren, ersticken Konflikte oft bereits im Keim oder verhindern gar deren Entstehung (siehe dazu Phase 3 im Kapitel »Die Phasen der Teamentwicklung«). Dadurch läuft die Zusammenarbeit zwischenmenschlich störungsfreier, das Team ist deutlich zufriedener und fokussierter. Menschen arbeiten dann besonders effektiv zusammen, wenn sie sich auf ihre

Kernaufgaben konzentrieren, anstatt sich in einem Strudel von unterschwelligen Konflikten, nicht geäußerter Kritik und Lästerei zu verstricken. Dagegen hilft regelmäßiges Feedback mit gemeinsam vereinbarten Regeln. Nur so kann der Prozess konstruktiv ablaufen, ohne dass am Ende jemand beleidigt oder persönlich getroffen ist. Für den Feedbackgeber heißt das: Das Feedback sollte in der Ich-Form formuliert und anhand von Beispielen verdeutlicht werden.

 **Die wichtigste Regel für den Empfänger von Feedback: Einfach zuhören und nicht nach dem ersten Satz mit den Worten »Ja, aber das habe ich ganz anders gemeint« unterbrechen. Das nimmt jedem Feedbackgeber die Motivation.**

Feedbackgeber verbinden mit ihrer Rückmeldung oft die Erwartungshaltung, dass der Empfänger das erhaltene Feedback in eine Verhaltensänderung übersetzt. Nach dem Motto: »Jetzt habe ich meinem Kollegen gesagt, dass er aus meiner Sicht zu schnell spricht, dann wird er sein Sprechtempo auch entsprechend verlangsamen.« Weit gefehlt! Feedback ist dazu da, dem anderen zu sagen, wie sein Verhalten auf mich wirkt. Feedback ist nicht dazu da, dem anderen zu sagen, wie er sich zu verhalten hat. Das wäre fatal! Stellen Sie sich vor, Sie müssten jedes Feedback, das Sie bekommen, zum Anlass nehmen, Ihr Verhalten zu ändern. Person A meldet Ihnen zurück, dass Sie in Ihren Meetings nicht zum Punkt kommen und zu ausschweifend erzählen. Person B sagt hingegen über Sie, dass Ihre ausführlich dargestellten Beispiele hilfreich sind, Ihre Sichtweise zu verstehen. Was wollen Sie nun tun? Sich kürzer fassen oder weiter reden wie bisher? Die Antwort ist simpel und gleichzeitig herausfordernd: Sie

Everybody's Darling is everybody's Depp

entscheiden, was Sie aus dem Feedback machen. Kein Feedback dient dazu, es allen recht zu machen und sich dadurch zu verbiegen. Als everybody's Darling ist man schnell everybody's Depp.

Ich empfehle daher jedem Mitarbeiter, der TOP-Arbeitnehmer sein möchte, seine Kompetenz als Feedbackgeber und -nehmer immer wieder zu hinterfragen und weiterzuentwickeln. Wie wichtig der professionelle Umgang mit Feedback für die Qualität der Zusammenarbeit ist, zeigt das folgende Beispiel.

Herr R. war genervt: Seine beiden Kolleginnen aus dem Büro gegenüber quatschten am laufenden Band – und augenscheinlich nicht nur über berufliche Themen. Unverschämt. Irgendwann war der Ärger darüber so groß, dass er sich bei seiner Chefin beschwerte. Doch die reagierte klug und alles andere als erhofft: »Herr R., wenn Sie das Verhalten so stört, dann geben Sie den Damen doch bitte Ihr direktes Feedback dazu.« »Was? Ich soll denen das sagen?« Herr R. war entsetzt. Er war davon ausgegangen, dass die Chefin diese unschöne Aufgabe für ihn übernehmen würde. Tja, falsch gedacht. Nun musste er selbst ran. Nach mehreren inneren Gedankenschleifen fasste er sich ein Herz und ging ins Büro der beiden Kolleginnen.

»Es fällt mir schwer, etwas anzusprechen, was mich schon länger beschäftigt, und ich hoffe, es gelingt mir jetzt gut. Ich höre Sie beide öfter miteinander sprechen und bekomme mit, dass es dabei häufig auch um private Themen geht. Das ständige Reden stört mich, weil es meine Konzentration beeinträchtigt. Und wenn ich an Ihren Schreibtisch komme, weil ich eine Frage habe, muss ich immer wieder warten, bis Sie Ihr privates Gespräch unterbrechen. Dadurch verliere ich wertvolle Zeit. Ist es möglich, dass Sie zumindest Ihre Privatgespräche reduzieren oder in die Pausen verlegen?« Etwas verdattert schauten die beiden Frauen erst ihren Kollegen und dann sich an. Und dann sagte die eine: »Herr R., das war mir gar nicht bewusst und ich werde ab jetzt darauf achten. Wenn es Sie so sehr stört, dann werden wir uns hier in Zukunft zurücknehmen.« Das Nicken ihrer Kollegin wertete sie dabei als Zustimmung. Begeistert über das deutliche Feedback ihres Kollegen waren die beiden Damen nicht, aber so viel stand fest: Die sachliche Art und Weise der Rückmeldung führte dazu, dass sie das Feedback nicht gleich in den Wind schossen und den Inhalt leugneten, sondern über ihr Verhalten nachdachten. Sie vereinbarten mit Herrn R., dass er sie direkt ansprechen sollte, wenn sie privat redeten. Denn in ihrer eigenen Wahrnehmung war das gar nicht so oft der Fall. Und andersherum bat auch er seine Kolleginnen darum, ihm ebenfalls Rückmeldungen zu geben, falls ihnen an seinem Verhalten etwas negativ auffiele.

Perfekt gelaufen und ein gutes Beispiel dafür, dass Feedback – konstruktiv platziert – den Kreislauf aus Ärger und Frustration erfolgreich unterbrechen kann.

Wenn es nicht einfach geht, geht es einfach nicht: couragiert zur Veränderung

Kennen Sie den Spruch »Love it, change it or leave it«? Ich habe ihn in den Neunzigerjahren zum ersten Mal gehört, und er hat sich für mich zu einer Art Lebensmotto entwickelt.

Love it bedeutet so viel wie »Akzeptiere eine Situation«. *Change it* ruft zur Veränderung der Situation auf, falls man sie nicht akzeptieren kann. Wenn sie sich nicht derart verändern lässt, dass wir sie akzeptieren können, lautet die Aufforderung *»Leave it«* – »Verlasse die Situation«. *»Akzeptieren – verändern – verlassen«* – drei Stufen, ein logischer Dreiklang. *Verändern* und *Verlassen* erfordern eine gehörige Portion Courage, je nach Dimension der Situation, um die es geht. Mut bringen wir auf, wenn klar ist, was zu tun ist. Daher sind folgende Fragen für den Dreiklang wichtig:

- Wann ist es Zeit für die jeweils nächste Stufe?
- Wann ist eine Situation so störend, dass ich sie verändern möchte?
- Wie viel Energie investiere ich in Veränderungsversuche?
- Wann ist der Zeitpunkt gekommen, die Situation vollständig zu verlassen?

Diese Fragen beantworten Menschen individuell. Für die Antworten sind die Situation, ihre Relevanz und die Persönlichkeit der Beteiligten entscheidend. Ob der Dreiklang überhaupt zum Tragen kommt, hängt davon ab, welche Bedeutung Menschen einer Situation geben und wie sie diese beurteilen. Wie unterschiedlich dieses Urteil ausfallen kann, zeigt das folgende Beispiel.

Herr V. freute sich sehr, als in der Zentrale seiner Firma die kleinen Einzelbüros aufgelöst und in Großraumbüros verwandelt wurden. »Viel mehr Austausch mit den Kollegen, Fragen können viel direkter, unkomplizierter und schneller geklärt werden. Und das Mehr an Kontakt steigert sicherlich auch den Teamgeist. Toll!« Für ihn lagen die Vorteile klar auf der Hand. *Love it?* Kein Problem! So weit das Urteil von Herrn V. Kein Dreiklang notwendig.

Herr L. hingegen sah das ganz anders. »Diese ständige Geräuschkulisse! Dauernd telefoniert jemand, man wird durch Zwischenfragen im Arbeitsfluss unterbrochen. Das ist doch unerträglich!« *Love it?* Keinesfalls! Für Herrn L. stand fest, dass er die Situation so nicht hinnehmen würde, und so suchte er das Gespräch mit seinem Vorgesetzten. »Nun warten Sie doch erst einmal ab – die Situation ist für uns alle neu und vermutlich eine Frage der Gewohnheit. Alle Bereiche der Zentrale arbeiten inzwischen in Großraumbüros – wir sind die Letzten, die umgezogen sind. Wenn es die Nachteile gäbe, die Sie aufzählen, hätte die Geschäftsleitung das Konzept schon längst gestoppt.«

Keine Frage, das neue Konzept war vor der Umsetzung gut durchdacht worden: Im Team wurden Regeln für die neue Form der Zusammenarbeit entwickelt. Dazu gehörten zum Beispiel festgelegte Rückzugszeiten, Vereinbarungen über die Raumtemperatur, sogar die Zeiten geöffneter und geschlossener Fenster wurden definiert. Herr L. war weiterhin skeptisch, aber bereit, sich auf die Situation einzulassen. Vielleicht gewöhnte er sich wirklich an das Großraumbüro. Falls nicht, würde er einen zweiten Versuch starten und die Veränderung *(change it)* angehen.

Die kommenden Wochen zeigten, dass Herr L. sich nicht mit der neuen Situation anfreunden konnte. Er brauchte für seine tägliche Arbeit deutlich länger und er ertappte sich bei Flüchtigkeitsfehlern, die ihm früher in der

Wenn du merkst, es geht nicht mehr …

Häufigkeit nicht passiert waren. Und das, obwohl er einiges versucht hatte, um sich mit der Situation zu arrangieren. So war er zum Beispiel morgens teilweise schon um 6.30 Uhr im Büro, um die wichtigsten Aufgaben ungestört zu erledigen. Seine Frau und die Kinder beschwerten sich, weil sie nun auf das gemeinsame Familienfrühstück verzichten mussten. Herr L. wurde immer unzufriedener und seine Stimmung gereizt. Er wollte einen neuen Versuch starten und suchte das Gespräch mit seinem Vorgesetzten. Es musste sich einfach etwas ändern! Seinem Chef war nicht entgangen, dass die Arbeitsqualität von Herrn L. deutlich nachgelassen hatte und aus dem früher gut gelaunten Mitarbeiter ein zurückgezogenes Teammitglied geworden war. »Ich habe viel versucht, um mich mit dem Arbeitsplatz zu arrangieren: Ich bin teilweise morgens schon um 6.30 Uhr im Büro, um die Aufgaben zu erledigen, für die ich besondere Konzentration brauche. Ich habe mir sogar Ohrstöpsel gekauft, die ich während der Arbeit trage, um den Geräuschpegel einigermaßen ertragen zu können. Teilweise habe ich mich in einen Besprechungsraum zurückgezogen, wenn dieser frei war. Aber die möglichen Rückzugszeiten sind mir einfach zu gering.«»Was genau macht Ihnen das Arbeiten in den neuen Räumlichkeiten so schwer?«, wollte der Vorgesetzte wissen.»Es ist die Lautstärke um mich herum, ständig reden mehrere Leute gleichzeitig, andauernd klingelt irgendwo das Telefon und irgendjemand läuft an meinem Schreibtisch vorbei. So kann ich einfach nicht arbeiten!«

Das waren klare Worte und obwohl der Vorgesetzte von all den Bemühungen seines Mitarbeiters beeindruckt war, hatte auch er ad hoc keine Lösung parat. Wenn Herr L. häufiger als vereinbart im Besprechungsraum arbeiten dürfte, dann müsste er dies auch den anderen Teammitgliedern anbieten. Das wiederum war organisatorisch kaum machbar, da die Besprechungsräume regelmäßig für Kundengespräche und interne Meetings genutzt wurden. Außerdem wäre das Konzept des Großraumbüros ad absurdum geführt. Herr L. und sein Chef wollten sich Gedanken dazu machen und vereinbarten einen weiteren Gesprächstermin in naher Zukunft. Doch Herr L. hatte nicht viel Hoffnung, dass sie bis dahin auf eine zündende Idee kommen würden.»Was soll uns da schon einfallen?«, fragte er sich. Abends erzählte er seiner Frau von dem Gespräch mit seinem Chef.»So macht mir das Arbeiten überhaupt keine Freude mehr. Ich bin froh, dass jetzt erst einmal Wochenende ist, und denke schon mit Schrecken an Montag.« Das war ein Schlüsselsatz.

Herr L. reflektierte den Dreiklang von Veränderung und fasste seine Gedanken zusammen:

Im Zweifel: Leave it!

Love it: Akzeptieren konnte er die Situation nicht (mehr).

Change it: Die Aussicht auf wirkliche Lösungen und eine Verbesserung hielt er für nicht gegeben.

Leave it: So wollte er nicht weiterarbeiten und fasste den Entschluss, auf Jobsuche zu gehen.

Wie es sich für einen TOP-Arbeitnehmer gehört, setzte Herr L. seine Entscheidung zeitnah und konsequent um. Wie war das noch? Klarheit ist die Basis für Entscheidungen, Courage der Rückenwind für die notwendige Umsetzung. Sechs Monate später hatte er einen neuen Arbeitgeber gefunden – und saß in einem schicken Zweierbüro. Im Bewerbungsgespräch hatte man ihm versichert, dass Großraumbüros in diesem Unternehmen nicht vorgesehen seien.

Es dauerte eine Weile, bis Herr L. sich in der neuen Firma eingewöhnt hatte, aber er war froh, die Courage zur Veränderung aufgebracht zu haben. Denn der Schritt hatte sich gelohnt: Die Arbeit machte wieder Spaß!

 **Wenn es nicht einfach geht, geht es einfach nicht!**
Zu erkennen, dass man eine Situation nicht mehr lieben
oder verändern kann, erfordert Klarheit – und sie
schließlich zu verlassen, eine große Portion Courage.

Bis hierhin und nicht weiter: das Pendel der inneren Zufriedenheit

In der europäischen Union dauert ein Arbeitsleben im Schnitt 35 Jahre. Das ist eine ziemlich lange Zeit, von der man nicht erwarten kann, dass sie von gleichmäßiger und steter Zufriedenheit gekennzeichnet ist. Die Dynamik unserer Arbeitswelt produziert in rasendem Tempo eine Veränderung nach der nächsten, Strukturen und Arbeitsprozesse werden laufend angepasst. Was heute als Erfolgsfaktor gilt, ist morgen Schnee von gestern. Bei dieser Dynamik erwartet sicherlich niemand, dass jeder Change-Prozess glücklich und zufrieden macht. Höhen und Tiefen wechseln sich ab – je nach Auswirkung, eigener Betroffenheit und Dimension der Veränderung. Da kann es schon mal passieren, dass Aufgaben plötzlich nicht mehr zu den eigenen Stärken und Fähigkeiten passen und die Freude am Job erheblich darunter leidet.

Unzufriedene Undercover-Mitarbeiter beklagen sich in derartigen Situationen hintenherum, Mitläufer nehmen sie in Kauf. Beide Spezies fühlen sich als Opfer der Umstände. TOP-Arbeitnehmer hingegen übernehmen Verantwortung und verstehen sich als Mitgestalter ihrer Arbeitsplatzsituation. Denn wenn der Grad an Zufriedenheit nachhaltig aus dem Gleichgewicht gerät, ist mutiges Handeln angesagt.

Das erkannte auch Frau B. Sie arbeitete seit vier Jahren in dem Unternehmen, hatte aber schon zwei Reorganisationen mitgemacht. Vor drei Jahren wurde der Standort in Bremen geschlossen, wodurch ihr Arbeitsplatz ins 50 Kilometer entfernte Oldenburg verlegt wurde. Frau B. wohnte in Bremen und war zunächst täglich zum neuen Arbeitsplatz gependelt, doch als ihr die Fahrzeit von mehr als zwei Stunden zu viel wurde, zog sie nach Oldenburg. Ihr Job im Online-Marketing machte ihr viel Spaß. Kollegen und

Chef waren nett und kompetent. Alles passte – auch ihr Grad der Zufriedenheit.

Bis im vergangenen Jahr eine Situation entstand, die zunächst recht harmlos daherkam. Die Assistentin des Geschäftsführers war aus der Elternzeit zurück – für vier Tage die Woche. Während ihrer Abwesenheit war ihre Position mit einer Aushilfskraft besetzt gewesen. In Urlaubs- oder Krankheitsfällen hatte Frau B. vertretungsweise im Büro des Geschäftsführers ausgeholfen. Das war sicherlich der Grund, warum man sie vor einigen Monaten fragte, ob sie nicht montags für jeweils zwei Stunden im Büro des Geschäftsführers arbeiten und somit wenigstens zum Teil den freien Tag der Assistentin ausgleichen könne. Frau B. stimmte zu, denn der Chef hatte ihr ja versichert, dass es nur um zwei Stunden ginge. Doch gerade montags war derart viel im Sekretariat zu tun, dass Frau B. tatsächlich jede Woche einen gesamten Arbeitstag dort verbrachte. Ihren eigentlichen Job im Online-Marketing hatte sie trotzdem noch in vollem Umfang zu erfüllen und so ging es nicht ohne Überstunden. Hinzu kam, dass sich Frau B. und die Assistentin regelmäßig über den Stand der Dinge abstimmen mussten – das dauerte jede Woche zusätzlich zwei Stunden. Dieses Pensum hatte Frau B. nicht erwartet. Von wegen nur zwei Stunden jeden Montag!

Fest entschlossen, die Situation so nicht länger hinzunehmen, suchte Frau B. das Gespräch mit ihrem Abteilungsleiter. Sie beschrieb ihm, wie sich die Dinge entwickelt hatten, und stellte wie erwartet fest, dass ihrem Chef diese Tragweite nicht bewusst gewesen war. Das lag sicherlich zum einen daran, dass er häufig auf Geschäftsreisen war, zum anderen hatte Frau B. weder die Quantität noch die Qualität ihrer Arbeit unter der Auslastung leiden lassen. »Ich mache regelmäßig Überstunden und nehme Arbeit mit nach Hause, um alle meine Aufgaben zu erledigen, aber auf Dauer ist das kein Zustand.« Der Abteilungsleiter stimmte zu und versicherte Frau B., gleich am nächsten Tag mit dem Geschäftsführer zu sprechen. Die Idee fand sie gut, das Ergebnis jedoch nicht. Ihr Chef erklärte ihr, dass er nun Aufgaben aus ihrer Tätigkeit im Online-Marketing auf Kollegen umverteilen würde. Dadurch sollte Frau B. entlastet werden und mehr Kapazitäten für ihre Rolle als zweite Assistentin des Geschäftsführers gewinnen. »Das geht ja in die völlig falsche Richtung!«, platzte es aus Frau B. heraus. »Sehen Sie es doch als guten Kompromiss«, war die Reaktion ihres Chefs. Aber so konnte und wollte Frau B. es nicht sehen. Ihre Arbeit im Online-Marketing machte ihr enorm viel Freude. Für diesen Job war sie immerhin von Bremen nach Oldenburg gezogen – nicht für die Arbeit als zweite Assistentin. Dabei ging es ihr gar nicht konkret um den Inhalt, es störte sie vielmehr, dass sie dadurch weniger Zeit für ihre Aufgaben im Online-Marketing hatte.

 **TOP-Arbeitnehmer engagieren sich für ihre Zufriedenheit und wissen, dass sie tragende Säule für erfolgreiches Arbeiten ist.**

Das hatte auch Frau B. klar im Blick. Das Pendel der inneren Zufriedenheit schlug immer mehr in die falsche Richtung und sie war fest entschlossen, alles dafür zu tun, damit es ihr bald wieder gut ginge. Sie wollte wieder mit der gleichen Freude wie vorher zur Arbeit fahren können. Diese Klarheit hatte sie bereits. Nun brauchte es noch die nötige Courage. Sie fasste sich also ein Herz und ging zu ihrem Chef: »Herr N., meine Aufgaben im Online-Marketing zu reduzieren, halte ich nicht für die richtige Lösung. Ich merke immer mehr, wie unzufrieden mich diese Situation macht und dass ich als Springerin hier nicht glücklich werde. Das möchte ich dem Geschäftsführer gerne selbst sagen und eine Lösung mit ihm finden.« »Frau B., ich merke, dass die Situation Sie nach wie vor unzufrieden macht, und finde es gut, dass Sie klar sagen, was Sie stört.

Sie haben meine volle Unterstützung.« Ihr Chef war also auf ihrer Seite und auch die Assistentin war froh, dass Frau B. die Initiative ergriff. »Gut, dass du das Thema angehst. Ehrlich gesagt, bin auch ich mit der momentanen Arbeitsteilung überhaupt nicht glücklich. Ich hätte nicht gedacht, dass die Abstimmungen zwischen uns so zeitaufwendig sind. Außerdem habe ich das Gefühl, dass wir beide in keinen guten Arbeitsfluss kommen. Was hältst du davon, wenn wir zusammen mit dem Geschäftsführer sprechen?« Perfekt! Damit hatte Frau B. nicht gerechnet.

Ihre Klarheit und Courage hatten sich ausgezahlt. Gemeinsam waren sie stärker und konnten ihren Chef davon überzeugen, dass eine Lösung her musste. Und die war schon nach einer Viertelstunde gefunden: Die Assistentin verlagerte ihre vier Arbeitstage von bisher Dienstag bis Freitag auf Montag bis Donnerstag. Erfahrungsgemäß verlief der Freitag wesentlich ruhiger, und der Geschäftsführer ging davon aus, dass der Platz im Sekretariat an diesem Werktag unbesetzt bleiben konnte. Damit war die Unterstützung von Frau B. nicht mehr nötig. Das war einfach! »Warum sind wir nicht schon vorher darauf gekommen?«, fragten sich die drei Gesprächspartner übereinstimmend. Ganz einfach: Weil niemand seiner Unzufriedenheit Ausdruck verliehen hatte und die Dringlichkeit einer Veränderung damit völlig unklar war. Unzufriedenheit ist der Motor für Veränderung. Erst wenn das Pendel der Zufriedenheit aus dem Rhythmus gerät, suchen Menschen nach alternativen Wegen.

Für den schnellen Leser

◆ Mut ist das Überwinden von Angst, Courage die innere Haltung und Bereitschaft, zu sich selbst zu stehen.

◆ Mut und Courage sind der Motor einer gesunden Volkswirtschaft.

◆ Die VUKA-Welt verlangt sowohl von Beteiligten als auch von Betroffenen Courage und Mut.

◆ »Das bringt doch eh nichts« ist der typische Satz von Feiglingen.

◆ »*Love it – change it – leave it*« – ein logischer Dreiklang, der den eigenen Standpunkt schärft.

◆ Zufriedenheit ist der Motor für Erfolg.

◆ Unzufriedenheit ist der Auslöser und Mut der Rückenwind für Veränderung.

◆ Unzufriedene Undercover-Mitarbeiter beklagen sich hintenherum über ihre Situation, Mitläufer nehmen sie wortlos in Kauf, TOP-Arbeitnehmer verändern sie durch Mut und Courage.

◆ Courage erfordert Risikobereitschaft.

◆ Courage ist das Ergebnis eines ernsthaften inneren Dialogs.

◆ Führungskräfte haben deutlichen Einfluss auf Klarheit und Courage ihrer Mitarbeiter, indem sie entsprechendes Verhalten verhindern oder begünstigen.

◆ Mutige Fragen und klare Antworten kennzeichnen die Kommunikation von TOP-Arbeitnehmern.

◆ Feedback erfordert Klarheit und Courage und sollte gelebte Praxis in Unternehmen sein.

4. Die acht Prinzipien für Klarheit und Courage

Klarheit und Courage haben eine Dimension nach innen und eine nach außen. Das bedeutet, ein Mensch braucht erst einmal Klarheit in seinem Inneren, in seinen Gedanken und Gefühlen, bevor er sich anderen mitteilt. Das

Klarheit und Courage im inneren Dialog

Gleiche gilt für Courage. Zuerst sortiert sich der Mensch nach innen, wägt ab, ob er für eine bestimmte Sache die Courage aufbringen kann und will. Erst danach folgt die Umsetzung in Form einer Handlung, die für andere wahrnehmbar ist. Somit sind Klarheit und Courage Ergebnisse eines inneren Dialogs. Ist das Thema wichtig und von großer Tragweite, kann so ein innerer Dialog durchaus Tage, Wochen und Monate dauern. So nehmen sich viele Menschen entsprechend Zeit, wenn es darum geht, herauszufinden, ob sie den Arbeitgeber wechseln, beruflich vielleicht komplett umsatteln, sich selbstständig machen oder vorzeitig in den Ruhestand gehen möchten. Wie lange der innere Dialog dauert, ist individuell unterschiedlich. Der Zeitraum hängt von der Persönlichkeit, der Relevanz des Themas und der Situation ab. Wichtig ist, die zeitliche Dimension im Blick zu haben. Dauert sie zu lange, kann es Ausdruck des Feiglings in uns sein, der sagt: »Solange du überlegst, brauchst du nichts zu tun.« Wer das zu lange denkt und als Ausrede nutzt, lässt Chancen vorbeiziehen, verstärkt die eigene Unzufriedenheit und verhindert inneres Wachstum.

Was nützt der innere Prozess, wenn wir es nicht schaffen, die Dinge verständlich nach außen zu tragen? Was hilft es, wenn ein Mitarbeiter sich darüber klar wird, dass er künftig statt 40 nur noch 20 Stunden arbeiten möchte, seinem Chef jedoch lediglich sagt, dass eine Teilzeitstelle durchaus interessant für ihn sei. Würde ein Chef verstehen, was der Mitarbeiter wirklich will? Bestimmt nicht.

Die folgenden acht Prinzipien geben dem inneren sowie dem äußeren Prozess den Schwung für Klarheit und Courage. Demnach sorgen sie dafür, dass uns selbst und anderen Menschen deutlich wird, was wir ausdrücken wollen. Denn entscheidend ist immer, was bei anderen ankommt, nicht, was wir gemeint haben.

1. Reden Sie Tacheles!

Ziel und Zweck klarmachen

Tacheles reden bedeutet, dass man klipp und klar und ohne Umschweife auf den Punkt bringt, was man sagen möchte. Tacheles stammt aus dem Jiddischen und bedeutet »Ziel« oder »Zweck«. Der Sender einer Botschaft verfolgt neben einem inhaltlichen Ziel die konkrete Absicht, verstanden zu werden. »Man will doch immer verstanden werden!«, wird es manchem Leser nun durch den Kopf schießen. Das mag sein. Aber wenn der innere Vorsatz lautet, Tacheles zu reden, liegt eine besondere Konzentration darauf, den anderen tatsächlich mit dem Gesagten zu erreichen. Verstanden zu werden wird nicht als selbstverständlicher Effekt gesehen, sondern als ein Ziel, auf das man sich bewusst fokussiert.

Nirgendwo kommen Klarheit und Courage so deutlich zum Ausdruck wie beim Tacheles-Reden. Den Ausdruck »Tacheles reden« wählen Menschen vor allem dann, wenn es um heikle Themen oder anspruchsvolle Situationen geht. »Jetzt reden wir aber mal Tacheles!« stimmt den Zuhörer auf die Bedeutung der folgenden Worte ein und wird zum Beispiel eingesetzt, wenn man jemandem den Ernst der Lage klarmachen möchte. Manchmal fordern Menschen auch andere dazu auf, Tacheles zu reden. Die Autohersteller beispielsweise sollen sich klar zum Dieselskandal äußern oder das obere Management eines Unternehmens zum angekündigten Stellenabbau.

Tacheles – das beste Mittel gegen Unzufriedenheit

Oft geht dem Tacheles-Reden eine Phase des »Eierns und Weichspülens« mit zunehmender Unzufriedenheit voraus. Der Feigling in uns versucht bei allem, was er tut, möglichst moderat und unauffällig zu sein. Bloß kein Aufsehen erregen oder ungemütliche Veränderungen hervorrufen, für die er als Impulsgeber die Verantwortung übernehmen müsste. Weil so aber niemand versteht, worum es eigentlich geht, nimmt seine Unzufriedenheit irgendwann überhand. Der Feigling merkt, dass sich die Themen nicht in die gewollte Richtung entwickeln. Also rafft sich der mutige Mitgestalter in ihm auf und redet Klartext – ohne Umschweife und auf den Punkt gebracht. Hier bestätigt sich wieder die altbekannte Formel:

 **Der (feige) Mensch bewegt sich erst, wenn der Schmerz nicht mehr zu ertragen ist.**

Dass Klartext die Wunderwaffe gegen Unzufriedenheit ist, wurde auch Herrn E. irgendwann bewusst. Er fühlte sich in seinem Job bei einer Versicherungsgesellschaft zunehmend unwohl. Das war nicht immer so gewesen, ganz im Gegenteil. Früher, vor der großen Restrukturierung, war er mit Leib und Seele Mitarbeiter im Bereich Vertriebsmanagement. Seine Aufgabe bestand darin, die Kollegen in den Agenturen telefonisch bei Vertragsangelegenheiten und Abwicklungsmodalitäten zu unterstützen. Wenn Mitarbeiter Fragen zu den einzelnen Themenbereichen hatten, riefen sie die interne Hotline an und freuten sich, wenn Herr E. am anderen Ende der Leitung war. Er galt als kompetent, freundlich und schnell. Obwohl er die meisten Mitarbeiter nur vom Telefon her kannte, hatte er zu vielen einen sehr guten und vertrauensvollen Kontakt. »Eine wirklich tolle Aufgabe, die ich da habe«, dachte sich Herr E. oft am Ende seines Arbeitstages. Unruhig wurde er, als er erfuhr, dass der vertriebliche Support für die Agenturen digitalisiert werden sollte. Ziel war, den Kundenberatern vor Ort über eine entsprechende Software die Möglichkeit zu geben, zeitnah und rund um die Uhr Antworten auf ihre Fragen bekommen – also auch abends, wenn die Berater bei Kunden zu Hause waren. Aktuell war der interne Support ab 18.00 Uhr nicht mehr besetzt, und das hatte häufig zu Verzögerungen von Entscheidungen geführt, weil die Kundenberater Rückfragen erst am nächsten Tag klären konnten. Nach sechs Monaten waren die Würfel gefallen: Die neue Software wurde eingeführt, die Abteilung Support aufgelöst.

Die Versicherungsgesellschaft hielt ihr Versprechen, die Mitarbeiter aus dem ehemaligen Support-Team an anderen Stellen im Unternehmen einzusetzen. »Ihr vertriebliches Know-how sehen wir als entscheidenden Erfolgsfaktor Ihrer bisherigen Aufgabe«, begann die Personalreferentin das Gespräch, in dem es um eine neue Aufgabe für Herrn E. gehen sollte. »Auch Ihre Fähigkeit, einen guten Kontakt zu Ihren Kollegen in den Agenturen aufzubauen, spricht dafür, Ihnen im Direktvertrieb eine Stelle anzubieten.« Herr E. fühlte sich geschmeichelt, konnte sich allerdings nicht vorstellen, selbst Kunden zu beraten. Das war etwas komplett anderes, als Support für den Vertrieb zu leisten. »Ich weiß nicht, ob ich das wirklich kann und will«, sagte Herr E. leise. Er hatte die Sorge, am Ende ganz ohne Job dazustehen, wenn er von vornherein eine ablehnende Haltung einnehmen würde. Daher hielt er seine Bedenken eher unter dem Deckel und übernahm die Rolle des Zuhörers.

Die Personalreferentin versuchte, Herrn E.s Zweifel aufzufangen. »Probieren Sie es doch erst einmal aus. Vermutlich werden Sie innerhalb kurzer Zeit genauso zufrieden sein wie mit Ihrer bisherigen Aufgabe.« Das Gespräch dauerte eine knappe halbe Stunde und am Ende stand die Vereinbarung: Herr E. wechselte mit sofortiger Wirkung als Vertriebsmitarbeiter in den Bereich Nürnberg/Wurzburg. Seine Kernaufgabe bestand nun darin, Kunden zu akquirieren, zu beraten und Versicherungsverträge abzuschließen. »Zurzeit ist allerdings kein fester Platz in einer der Agenturen vakant, aber das macht nichts«, erklärte die Personalreferentin. »Wir setzen Sie erst einmal als Springer ein. Das bedeutet, Sie unterstützen jeweils die Agentur aus der Region, die wegen Urlaub oder Krankheit personelle Engpässe hat. Sobald eine Stelle frei wird, sind Sie selbstverständlich unser erster Kandidat.« »Also das heißt, ich habe gar keinen festen Arbeitsplatz in einer Agentur und muss ständig durch die Gegend fahren?«, fragte Herr E. ungläubig. »Sie haben einen festen Arbeitsplatz in der Region Nürnberg/Würzburg und Sie haben einen Job, der Ihren Fähigkeiten entspricht. Andere wären froh darüber. Sie nicht?« »Doch, eigentlich schon. Aber gibt es nicht andere Einsatzmöglichkeiten für mich? Ich arbeite seit mehr als acht Jahren für das Unternehmen, bisher immer in der Zentrale, und das würde ich gerne fortführen.« Ein zaghafter Versuch von Herrn E., über Alternativen zu sprechen. Leider zu zaghaft und recht spät – nämlich erst am Ende des Gesprächs, als alles Wesentliche besprochen war und er bereits der Aufgabe als Kundenberater zugestimmt hatte.

Zurück in seinem Büro spürte Herr E. zunehmendes Unwohlsein. Das ist typisch für Feiglinge. Ihnen wird oft erst nach einem Gespräch oder einer Situation bewusst, was ihr ängstliches Verhalten eigentlich ausgelöst hat.

»Was hätte ich denn auch machen sollen!?«

Sie haben ihre Meinung zurückgehalten, ihre Fragen unterdrückt und mehr geschwiegen als geredet. Am Ende steht ein Ergebnis, mit dem sie ganz und gar nicht einverstanden sind. »Was hätte ich denn machen sollen?«, fragte Herr E. einen guten Freund nach Feierabend. Was der Freund geantwortet hat, weiß ich nicht. Meine Antwort lautet: Herr E. hätte seine Bedenken klar und deutlich aussprechen sollen und um Bedenkzeit bitten können. Die Bedenkzeit ist eine Chance für den anfangs beschriebenen inneren Prozess, der zu Klarheit führt. Die Kernüberlegung des inneren Dialogs wäre dabei sicherlich, was Herr E. braucht, um zufrieden in seinem Job zu sein. Sie erinnern sich? Das ist eine der Aussagen, die Sie in der Selbstreflexion des TOP-Arbeitnehmers am Anfang des Buches finden. TOP-Arbeitnehmer haben ein Bewusstsein über die grundsätzliche Ausgestaltung von Jobs, mit denen sie zufrieden sein könnten. Mit der so gewonnenen Klarheit im Gepäck wäre es einfacher für Herrn E. gewesen, den Mut aufzubringen, sich gegen die angebotene Stelle im Vertrieb auszusprechen. Hätte, hätte, Fahrradkette – wir schauen, wie es weitergeht.

Herr E. blieb bei seiner Zusage und trat die neue Stelle als Kundenberater an. Die erste Zeit war besonders schwer für ihn. Die praktische Seite des Vertriebs war ihm bis dato fremd, schließlich hatte er im Support bisher nichts mit Akquisition und Kundengesprächen zu tun gehabt. Der Einarbeitungsplan sah eine Kombination von Fach- und Verkaufstrainings sowie die Unterstützung der Kollegen aus den Agenturen vor. Herr E. setzte sich mit den vielen neuen Inhalten auseinander. Es fiel ihm leicht zu verstehen, wie Kundenansprachen erfolgen und Verkaufsgespräche idealerweise ablaufen sollten. Auch die Ausgestaltung der einzelnen Versicherungsprodukte war keine komplizierte Angelegenheit. Theoretisch war also alles gut – aber praktisch ganz und gar nicht. Herr E. fand auch nach sechs Monaten überhaupt keine Freude an der neuen Aufgabe. Verkaufen war absolut nicht sein Ding. Wenn ein Kunde mit einem konkreten Anliegen kam und zum Beispiel eine Hausratversicherung abschließen wollte, war das okay. Aber weiteren Bedarf ermitteln, einen Haufen Fragen stellen, um dann zusätzlich eine Haftpflichtversicherung anzubieten – das flößte ihm Unbehagen ein. Er fühlte sich wie ein Vertreter, der anderen seine Produkte aufschwatzt. Erschwerend kam hinzu, dass er jede Woche in einer anderen Agentur eingesetzt war. So, wie die Personalreferentin gesagt hatte: Dort, wo es personelle Engpässe gab, war Herr E. gefragt.

Unzufriedenheit macht nie Feierabend

Wenn Menschen mit ihrem Job unzufrieden sind, nehmen sie dieses schlechte Gefühl häufig mit nach Hause. Je nach Persönlichkeit machen sie ihre Unzufriedenheit Partnern, Familie und Freunden gegenüber zum Thema – so auch Herr E. Seine Frau konnte es kaum noch hören. Alles war Mist im neuen Job ihres Mannes: Der Inhalt gefiel ihm nicht, das Herumfahren nervte ihn und das ständige Hin und Herwechseln zwischen den Agenturen machte ihn zum einsamen Einzelkämpfer. Seine ständige schlechte Laune war wohl eine Reaktion auf die berufliche Unzufriedenheit, aber das Verständnis und das Wissen um die Situation machten es zu Hause nicht besser. Frau E. bedauerte ihren Mann, hatte wirklich Mitleid mit ihm, und gleichzeitig war ihre Geduld allmählich am Ende. »So kann es nicht weitergehen. Du musst mit deinem Chef oder der Personalreferentin sprechen und die Situation verändern«, unterbrach sie das erneute Jammern ihres Mannes, der mal wieder völlig genervt und spät von der Arbeit nach Hause kam. Jammern ist übrigens häufig ein typisches Verhalten von Feiglingen. Sie wenden sich mit ihren Sorgen an Menschen, die ihnen »nur« zuhören, aber nicht wirklich helfen können. Praktisch – man kann dem Ärger Luft machen, ohne Verantwortung für eine Lösung zu übernehmen und Gefahr zu laufen, etwas verändern zu müssen.

Doch auch Herrn E. war inzwischen bewusst geworden, dass es so nicht weitergehen konnte. Die Worte seiner Frau waren sozusagen das i-Tüpfelchen, das gefehlt hatte, um das Gespräch zu suchen. »Mit denen werde ich Tacheles reden, so geht es wirklich nicht!« Mit diesen Worten signalisierte er seiner Frau, dass er ihre Empfehlung in die Tat umsetzen wolle. Endlich war Herr E. an dem Punkt, den notwendigen inneren Dialog anzugehen. Klar war, dass er den Job als Kundenberater nicht machen wollte. Doch alles andere war unklar: Wie stellte er sich seinen künftigen Job vor? Wie wollte er seinen Chef überzeugen, schon wieder intern zu wechseln? Wie könnte ein Plan B aussehen, falls der Arbeitgeber einem Wechsel nicht zustimmte? Und last, not least: Würde er mutig genug sein, die Punkte ohne Umschweife mit der nötigen Klarheit auszusprechen? Herr E. entschloss sich, die Fragen aufzuschreiben und das Wochenende zu nutzen, um erste Antworten zu finden. Bei manchen Überlegungen bezog er seine Frau oder einen guten Freund als Sparringspartner mit ein. Nach zwei Wochen waren die Fragen beantwortet und Herr E. war sich sicher, klare und deutliche Worte zu finden. Der Grad an Unzufriedenheit war hoch und dieser ist – wie bereits erwähnt – der Auslöser für Veränderung, denn der Mensch will grundsätzlich zufrieden sein.

Jetzt aber mal Tacheles!

Trotz aller Klarheit und Entschlossenheit hatte Herr E. Herzklopfen, als er um ein Gespräch mit der Personalreferentin bat. Der Termin fand eine Woche später in der Zentrale der Versicherungsgesellschaft statt. »Herr E., Sie haben um diesen Termin gebeten und als Stichwort ›Berufliche Veränderung‹ angegeben. Was genau meinen Sie damit?« Die innere Stimme von Herrn E. erinnerte ihn an seinen Vorsatz »Jetzt aber mal Tacheles« und gab ihm den notwendigen Stups. Er atmete tief durch und setzte dann an: »Frau P., vor etwa acht Monaten haben wir beide schon einmal in diesem Raum gesessen und Sie haben mir den Job als Kundenbetreuer in der Region Nürnberg / Würzburg angeboten. Ich hatte vom ersten Moment an Zweifel, dass mir diese Aufgabe liegen konnte, habe dies jedoch nicht deutlich genug zum Ausdruck gebracht.« »Also gezwungen hat Sie niemand, Herr E.«, rechtfertigte sich die Personalreferentin. Sie fühlte sich offensichtlich angegriffen. »Doch, Frau P., ich selbst habe mich gezwungen, weil ich Sorge hatte, ganz auf der Strecke zu bleiben und ohne Job dazustehen, wenn ich Ihr Angebot nicht sofort annehme. Das war ein Fehler von mir, den ich sehr bedauere. Inzwischen ist mir klar geworden, dass der Vertrieb definitiv nichts für mich ist, und ich möchte mich daher intern verändern.« »Dass die Aufgabe neu für Sie ist, Herr E., lag auf der Hand. Dass es eine Weile dauern würde, bis Sie sich eingearbeitet haben, war zu erwarten. Ich denke, es ist zu früh, um die Flinte ins Korn zu werfen.« Die Personalreferentin versuchte Herrn E. zu bewegen, Kundenbetreuer zu bleiben. »Jetzt bloß nicht einknicken und wieder zum Feigling werden!«, mahnte ihn seine innere Stimme. Mutig und klar führte Herr E. seine Gedanken und Beweggründe weiter aus. »Es gibt Menschen, die haben ihre Stärken im Umgang mit Kunden und Freude am Verkaufen. Das ist bei mir nicht so. Ich komme gut mit Kollegen klar, schätze die Zusammenarbeit, unterstütze gerne, wo Engpässe sind. Jedoch ohne den Druck zu haben, irgendetwas verkaufen zu müssen, und ohne mich zu rechtfertigen, wenn ich etwas nicht verkauft habe. Und ich brauche einen festen Arbeitsplatz, nicht ständig wechselnde Einsatzorte. Inhaltlich bin ich absolut flexibel und stehe den unterschiedlichsten Abteilungen der Zentrale offen gegenüber. Aber im Vertrieb bleibe ich definitiv nicht.« Das waren klare Worte, das war Tacheles-Reden! »Eins ist mir noch wichtig, Frau P.«, ergänzte Herr E. »Ich erwarte nicht, dass Sie eine Stelle für mich aus dem Boden stampfen.

Mir ist einfach wichtig, Ihnen meine Unzufriedenheit mitzuteilen und damit zu hoffen, dass ich bald eine andere Aufgabe im Haus übernehmen kann. Denn unser Unternehmen schätze ich nach wie vor und möchte gerne bleiben.« Die Personalreferentin schien irritiert. Sie hatte im ersten Gespräch mit Herrn E. einen völlig anderen Eindruck von ihm gewonnen und sich im Nachhinein gewundert, dass er den Job ohne Diskussion angetreten hatte. Sein Schweigen wertete sie damals als Zustimmung, sicherlich auch, weil sie einfach froh war, einen weiteren Mitarbeiter aus dem Support »untergebracht« zu haben. Zugegebenermaßen war sie von der Klarheit und dem Mut des Mitarbeiters beeindruckt. »Jemand, der so deutliche Worte spricht, wäre vielleicht auch ein Kandidat für den Bereich Compliance. Da ist es wichtig, Leuten Grenzen zu zeigen und klar Position zu beziehen. Mal sehen, ich höre mal bei dem verantwortlichen Bereichsleiter nach.« Sie versprach ihm, sich kurzfristig zu melden, wenn sich etwas ergeben würde. Auch wenn er es nicht gesagt hatte, so war beiden Gesprächspartnern klar, dass sich Herr E. etwas anderes suchen würde, falls sich intern keine Lösung finden ließe. Das ist ein Vorteil, wenn man Tacheles redet: Manche Schlussfolgerung ist so klar, dass sie gar nicht ausgesprochen werden muss.

Tacheles reden ist für alle gut

Vier Wochen später wechselte Herr E. als Sachbearbeiter in die Schadensregulierung. Kundenkontakt gab es natürlich auch hier, aber ohne Bezug zum Verkauf von Versicherungsprodukten. Es gelang ihm sehr gut, einen stabilen Kontakt zu den Kunden aufzubauen, und sie schätzten seine freundliche Art und die serviceorientierte Haltung. Nach außen war Herr E. wieder der »Alte«: zufrieden, beliebt und ausgeglichen. Aber im Inneren war mehr passiert. Herr E. hatte sich durch das Erlebte vom Feigling in Richtung TOP-Arbeitnehmer entwickelt. Er hatte gelernt, dass Tacheles reden für alle gut ist: für einen selbst und für das Unternehmen, für das man arbeitet. Denn zufriedene Mitarbeiter machen meistens auch einen guten Job.

2. Holen Sie sich Antworten!

»Wenn etwas unklar ist, frag einfach!« Diese Botschaft hören viele von uns, und das gleich mehrmals im Leben. Eltern ermutigen Kinder, Fragen zu stellen, Lehrer ihre Schüler, Vorgesetzte ihre Mitarbeiter, Teammitglieder den neuen Kollegen. Und doch bleiben Fragen – seien sie auch noch so wichtig – unausgesprochen oder werden an die falsche Adresse gerichtet. »Ist der Chef wohl noch über den Fehler verärgert, den ich vergangene Woche gemacht habe?«, fragt sich zum Beispiel die Assistentin des Abteilungsleiters. Anstatt ihren Chef anzusprechen, wendet sie sich an die Kollegin einer anderen Abteilung, der sie von der Sache erzählt hat. »Glaubst du, der ist noch sauer auf mich?«, fragt sie offensichtlich besorgt. Hand aufs Herz: Woher soll die Kollegin wissen, was der Abteilungsleiter denkt? Wie soll sie die Frage beantworten? Wenn sie clever ist, beantwortet sie sie gar nicht, sondern ermutigt ihre Kollegin, ihren Chef zu fragen – schließlich ist er der Einzige, der es weiß.

Fragen stellen ist nichts für Feiglinge

Die Chance, Antworten zu bekommen, setzt mindestens drei Dinge voraus:

1. Die Frage muss gestellt werden.
2. Sie ist eindeutig und klar formuliert.
3. Sie geht an die Person, die sie betrifft.

Eine Garantie gibt es nicht

Ich spreche bewusst von der *Chance,* Antworten zu bekommen. Eine Garantie gibt es nicht, auch nicht, wenn die genannten Voraussetzungen in 1-a-Qualität erfüllt werden. Fragen und Antworten bilden ein Modell zwischen Sender und Empfänger. Der Verlauf der Kommunikation hängt genauso stark vom Adressaten ab, genauer gesagt von seiner Bereitschaft und auch von seiner Fähigkeit, die Frage zu beantworten. Fragen zu stellen ist somit nichts für Feiglinge. Die Sorge, sich zu blamieren, zu outen, sich lächerlich zu machen oder zurückgewiesen zu werden, hält die Anzahl der geäußerten Fragen in Grenzen. Der Undercover-Mitarbeiter neigt dazu, seine Fragen grundsätzlich an Personen zu richten, die sie nicht beantworten können, wie die oben erwähnte Assistentin. Der Mitläufer, der nach außen zu vielem Ja und Amen sagt, behält seine Fragen eher für sich. TOP-Arbeitnehmer hingegen wollen mit ihren Fragen Wissenslücken schließen, Zusammenhänge erfassen, Entscheidungen beeinflussen oder verstehen. Fragen und Antworten sind für sie Ausdruck eines wertschätzenden und konstruktiven Miteinanders und die Voraussetzung, Mitgestalter von Erfolg zu sein. Unausgesprochene Fragen hingegen sind ein Risiko für Unternehmen und ein Stressfaktor für die Menschen, die für sie arbeiten.

Stress empfand auch Frau C. nach einem unerfreulichen Gespräch mit ihrem Chef. Sie hatte sich aufgerafft, um endlich nach einer Gehaltserhöhung zu fragen, die ihr nach eigener Einschätzung längst zustand. »Ich habe in den vergangenen Monaten einige Zusatzaufgaben übernommen und diese immer fristgerecht und in guter Qualität abgeliefert. Außerdem ist meine letzte Gehaltserhöhung schon einige Jahre her, obwohl ich mich weiterentwickelt habe«, begann sie das Gespräch mit ihrem Vorgesetzten. »Also, die Tatsache, dass jemand seit Jahren das gleiche Geld verdient, rechtfertigt nicht automatisch eine Gehaltserhöhung. Dass Sie sich weiterentwickelt haben, mag ja sein, denn Erfahrung bringt jeden von uns weiter. Dass sich Ihre Leistung gesteigert hat, habe ich bisher allerdings nicht wahrgenommen. Aber ich werde verstärkt darauf achten. Lassen Sie uns in einigen Monaten erneut drüber sprechen«, so die Reaktion ihres Chefs. Enttäuscht und etwas kleinlaut stimmte Frau C. zu. »Okay, dann verbleiben wir so.« Und schwuppdiwupp waren die beiden beim nächsten Thema, einem fachlichen, bei dem das Gespräch unverfänglich weiterging.

Dass Frau C. unzufrieden war, weil ihr Chef nicht zugestimmt hatte, ist verständlich. Was sie allerdings noch unzufriedener machte, war die Tatsache, dass bei Licht betrachtet überhaupt keine Gehaltserhöhung in Sicht war. Warum nicht? Es gab noch nicht einmal im Ansatz eine klare Vereinbarung zwischen den beiden – weder Kriterien für die Leistungsbeurteilung noch den Zeitpunkt für eine mögliche Gehaltserhöhung. Klar war, dass es zum gegenwärtigen Zeitpunkt nicht mehr Geld gab. Alles andere lag im Nebel. Es fehlte die Perspektive, es fehlte das Gefühl, dass die Frage nach einer Gehaltserhöhung etwas in Bewegung gebracht hatte. Gespräche, die das Thema, also das eigentliche Anliegen, nicht in Bewegung bringen, lösen Unzufriedenheit aus. Sie vermitteln den Eindruck, völlig vergeblich geführt worden zu sein, weil nachher alles genauso ist wie vorher. Dieses ungute Gefühl hatte auch Frau C.

Raus aus dem Gedankenkarussell der Interpretationen!

»Wozu habe ich das jetzt überhaupt angesprochen? Und was genau soll ich noch tun, um zu zeigen, dass meine Leistung eine Gehaltserhöhung rechtfertigt? Wir haben noch nicht einmal den Zeitpunkt für unser nächstes Gespräch festgelegt«, beklagte sie sich bei einem Kollegen. »Dann

Keine Antworten konstruieren

hol dir doch Antworten auf deine Fragen!«, ermutigte sie ihr Kollege. Ein guter Rat, denn unbeantwortete Fragen beschäftigen uns immer wieder, wenn es um wichtige Themen geht. Sie lassen uns innerlich nicht zur Ruhe kommen und werden damit immer quälender. Am Ende geben wir uns selbst die fehlenden und meistens falschen Antworten, um überhaupt welche zu haben. So könnten die Antworten von Frau C. etwa ausfallen:»Bestimmt hat der Chef etwas gegen mich. Oder ich bin einfach nicht gut genug und fliege bei der nächsten Restrukturierung sowieso raus. Kann auch sein, dass meine Arbeitsweise zu langsam oder zu umständlich ist. Oder es hat ihm schlichtweg nicht gepasst, dass ich nach einer Gehaltserhöhung gefragt habe. Ich war ihm vermutlich zu forsch.« Der Facettenreichtum konstruierter Antworten ist unerschöpflich und gleichzeitig gefährlich, weil wir uns damit in Interpretationen und Scheinwirklichkeiten begeben, die sich negativ auf unser Verhalten auswirken können.

Der Mensch lebt, was er denkt. Daher sollten wir gut auf unsere Gedanken aufpassen und sie immer wieder mit denen der anderen »matchen«.

Wenn Frau C. denkt, sie verliere ihren Job bei der nächsten Umstrukturierung unabhängig von ihrer Leistung, ist die Wahrscheinlichkeit hoch, dass die Qualität ihrer Arbeit nachlassen wird. Wozu also Energie investieren, wenn sie den Job doch eh nicht mehr lange hat? Aber so weit ließ Frau C. es nicht kommen. Sie befolgte den Rat ihres Kollegen und suchte erneut das Gespräch mit ihrem Vorgesetzten.

Bevor Sie erfahren, wie es ausgegangen ist, lassen Sie uns kurz innehalten und überlegen, wie die Geschichte verlaufen wäre, wenn Frau C. alles auf sich beruhen lassen hätte. Es wäre zu befürchten gewesen, dass sie sich noch tiefer in ihren Gedankenkreislauf von Interpretationen verstrickt hätte. Wie demotivierend anzunehmen, das Unternehmen möchte einen eigentlich nach der nächsten Restrukturierung loswerden. Wie frustrierend, jeden Tag ins Büro zu fahren und der Meinung zu sein, zu langsam und nicht gut genug zu arbeiten. Wie soll jemand, den diese Sichtweisen begleiten, zufrieden und erfolgreich sein?

Leistung = Potenzial minus Störfaktoren: Wenn wir diese Formel zugrunde legen, sollte uns bewusst werden, dass derartige Gedanken die Stimmung und Zufriedenheit stark einschränken. Unbeantwortete Fragen können sich zum Stress- und Störfaktor entwickeln, wenn wir uns nicht rechtzeitig und an richtiger Stelle Antworten holen. Erst stören sie den Mitarbeiter, dem die Antworten fehlen, und im zweiten Schritt stören sie das Unternehmen, das durch zu viele fehlende Antworten riskiert, auf einen erheblichen Teil der Leistung seiner Mitarbeiter zu verzichten.

Leistung = Potenzial minus Störfaktoren

Doch nun zurück zu Frau C., die fest entschlossen war, ihren Chef nochmals auf die Gehaltserhöhung anzusprechen. Sie bereitete sich intensiv auf das Gespräch vor. Das klingt vielleicht selbstverständlich, ist aber gleichzeitig eine typische Vorgehensweise des TOP-Arbeitnehmers. Er nutzt die Vorbereitung, um sich das minimale und das ideale Gesprächsziel bewusst zu machen. Für Frau C. war das ideale Ziel ursprünglich, dass der Chef der Gehaltserhöhung zustimmt und diese zum nächstmöglichen Termin veranlasst. Dieses Ideal war nicht eingetreten, aber noch war nicht aller Tage Abend. Was Frau C. im zweiten Gespräch mindestens erreichen wollte, war die Erklärung ihres Chefs, warum er ihr aktuell keine Gehaltserhöhung geben wollte. Darüber hinaus wünschte sie sich eine konkrete Vereinbarung darüber, was sie bis wann tun und leisten müsse, um mehr Geld zu verdienen. All das war im ersten Gespräch nicht angesprochen worden.

Unterschiedliches Verständnis des Gesagten ist üblich

Schauen wir uns an, wie sie ihre Fragen ins Gespräch eingebracht hat und welche Antworten sie bekam. »Danke, dass Sie mir noch einmal die Möglichkeit geben, mit Ihnen über mein Anliegen zu sprechen. Seit unserem letzten Gespräch gehen mir drei wichtige Fragen durch den Kopf, auf die ich gerne Antworten haben möchte.« »Da bin ich gespannt, Frau C.«, warf der Chef ein. »Nach meinem Verständnis haben wir nämlich alles geklärt.« »Dann ist es umso wichtiger, dass wir noch einmal über einige Punkte sprechen, damit ich dieselbe Klarheit bekomme.« Eine gute Basis für das Gespräch: Beide haben festgestellt, dass sie von unterschiedlichen Ergebnissen ausgehen. Der Chef hielt alles für geklärt, Frau C. hingegen hatte deutlichen Klärungsbedarf. So läuft es häufig. Menschen reden miteinander und gehen mit völlig unterschiedlichem Verständnis des Gesagten auseinander. Wie gut, dass es Fragen und Antworten gibt, um zu einem gemeinsamen Verständnis zu kommen.

»In welchen Bereichen fehlt Ihnen Klarheit?«, wollte der Vorgesetzte wissen. Zielgerichtet und gut vorbereitet formulierte Frau C. ihre Fragen:

1. Welche Leistung muss ich zeigen, um in die nächste Tarifgruppe zu kommen?
2. Gibt es weitere Kriterien für die Entscheidung, und wenn ja, welche?
3. Wann setzen wir uns erneut zusammen, um über meine Leistung und die entsprechende Gehaltserhöhung zu sprechen?

»Ich sehe, Sie haben sich Gedanken gemacht. Das finde ich gut. Was ich mir vorstelle, ist, dass Sie genau diese Detailtiefe auch in Arbeitsthemen ausdrücken. Wenn wir hier zusammensaßen, um über Ihre Aufgabe zu sprechen, ging ich am Ende davon aus, dass Sie alle notwendigen Infos hatten, da keine Rückfragen von Ihnen kamen. Sie fingen an, die Aufgabe zu bearbeiten, ohne mich noch einmal darauf anzusprechen. Irgendwann bekam ich dann ein Ergebnis vorgelegt, in dem maßgebliche Faktoren unberücksichtigt waren. Dinge, von denen ich eigentlich dachte, sie wären Ihnen klar. So war es zum Beispiel mit ...«»Ich weiß genau, was Sie meinen, Herr Y.«, unterbrach Frau C. ihren Chef. »Ich traue mich oft nicht, Fragen zu stellen, weil ich nicht inkompetent wirken möchte. Und ich denke teilweise, dass Sie von mir erwarten, dass ich Ihre Aufträge so schnell wie möglich erledige – ohne komplizierte Fragen zu stellen.«»Es sind nicht die Fragen, die etwas kompliziert machen. Es sind die fehlenden Antworten«, erklärte Herr Y. »Ich schlage Folgendes vor: Wenn Sie Fragen zu einer Aufgabe oder einem Projekt haben, stellen Sie diese in unserem wöchentlichen Jour fixe. Dringende Fragen sollten Sie selbstverständlich vorher an mich richten. Ich vermute, dass wir auf diese Weise die Qualität Ihrer Arbeitsergebnisse deutlich erhöhen können, weil das Nacharbeiten entfällt. Können Sie sich das vorstellen?« Frau C. dachte kurz nach und stimmte dann zu. Wichtig war ihr vor allem, dass sie die Fragen sammeln und gezielt einbringen konnte. »Also vereinbaren wir, dass Sie in jedem Jour fixe als Erstes Ihre Fragen zu laufenden Projekten stellen, die ich dann beantworte. Gleichzeitig gebe ich Ihnen zeitnah Feedback zu Ihren Arbeitsergebnissen. Weitere Kriterien habe ich derzeit nicht. Und in einem halben Jahr reden wir dann erneut über eine Gehaltserhöhung.«

Frau C. hatte Antworten auf alle drei Fragen bekommen und dabei auch noch das Gefühl, dieses Mal wirklich dasselbe Verständnis zu haben wie ihr Chef. Sie war regelrecht erleichtert, als sie das Büro von Herrn Y. verließ. Wie oft hatte sie sich mit offenen Fragen herumgeschlagen, weil sie sich nicht traute, sie zu stellen, oder weil sie glaubte, den richtigen Zeitpunkt verpasst zu haben. Fast wäre es dieses Mal genauso gelaufen. Gut, dass ihr Kollege sie ermutigt hatte, sich Antworten bei ihrem Chef zu holen. »Geht doch!«, freute sich besagter Kollege, als er Frau C. gut gelaunt aus dem Chefzimmer kommen sah.

Eine Investition in die Zufriedenheit: Füllen Sie Ihr Fragen-Konto

Ja, geht doch! Antworten einzuholen bringt Klarheit und stärkt das Selbstbewusstsein. Sie drücken Ihrem Gesprächspartner gegenüber aus, dass die Kommunikation für Sie eine Begegnung auf Augenhöhe ist. Wer fragt, der führt – und zwar sich selbst. Wer Antworten auf die wesentlichen Fragen hat, investiert in seine persönliche Zufriedenheit. Daher empfehle ich Ihnen, ein persönliches Fragen-Konto einzurichten.

Fragen-Konto einrichten

- Notieren Sie alle Fragen, auf die Sie aktuell gerne Antworten hätten.
- Streichen Sie die Fragen, auf die Ihnen tatsächlich niemand eine Antwort geben kann (zum Beispiel: »Ist mein Arbeitsplatz für die nächsten zehn Jahre sicher?«).
- Schreiben Sie hinter jede verbleibende Frage die Person, die Ihnen die Antwort geben kann.
- Planen Sie die Gespräche und setzen Sie sich eine Deadline, bis wann Sie sich die Antworten holen.

Auf diese Weise bekommen Sie Klarheit über die Fragen, die Antworten verlangen, und den Mut, diese einzufordern. Klarheit und

Mut sind Merkmale des TOP-Arbeitnehmers und das Fragen-Konto ein wirkungsvolles Instrument, das er regelmäßig nutzt.

3. Machen Sie, was Sie wollen!

Ist das eine Erlaubnis oder eher eine Drohung? Das kommt darauf an. Manchmal lässt der Tonfall die unausgesprochene Botschaft »Sie werden schon sehen, was Sie davon haben« vermuten. Ich erinnere mich an so manche Diskussion als junges Mädchen, die meine Gesprächspartner mit den Worten »Dann mach doch, was du willst!« beendeten. Mir war dann immer ein bisschen mulmig zumute, denn es bedeutete ja, dass ich die alleinige Verantwortung für mein Handeln übernehmen musste. Wenn man tut, was andere wollen, überlässt man den anderen die Verantwortung. Wenn es schiefgeht, kann man immer sagen: »Aber der hat gesagt, ich soll das so machen.« Ein Muster, dem Feiglinge gerne folgen. Sowohl der Mitläufer, der mit seiner Meinung hinterm Berg hält, als auch der Undercover-Mitarbeiter, der sich hinter dem Rücken mitteilt, tragen ungern Verantwortung. Sie nehmen lieber Anweisungen entgegen – möglichst übersichtlich dosiert, klar formuliert und keinesfalls überfordernd. Und am besten schriftlich, denn wenn es schiefgeht, kann bewiesen werden, dass dieser Unsinn dem Hirn eines anderen entsprungen ist.

Ganz anders der TOP-Arbeitnehmer. Er übernimmt bereitwillig Verantwortung für den eigenen Erfolg und sieht darin seinen Beitrag am großen Ganzen, sprich am Erfolg des Unternehmens. TOP-Arbeitnehmer kennen ihre eigene Definition von Erfolg, sie haben eine Vorstellung von beruflichen Rahmenbedingungen, die sie für ihre Zufriedenheit brauchen,

TOP-Arbeitnehmer sein ist ein Selbstverständnis

und wissen, welche Art von Job dem nahekommt. Ihr Ziel ist, sagen zu können:»Ich gehe gerne arbeiten und meine Leistung entspricht meinen Ansprüchen.« Dabei ist das Selbstbild entscheidender als das Fremdbild. TOP-Arbeitnehmer zu sein ist keine Anerkennung von anderen, es ist keine Auszeichnung. Es ist ein Selbstverständnis, das jeder Einzelne für sich entwickelt.

Was wollen Sie eigentlich? Wissen Sie, wie Ihr idealer Job aussieht und in welchem beruflichen Umfeld Sie sich am liebsten bewegen würden? Kennen Sie die Bereiche, in denen Sie zu Abstrichen bereit sind, wohl wissend, dass es den paradiesischen Arbeitsplatz nicht gibt? Zu wissen, was man will, ist die Voraussetzung, um das zu tun, was man will. Glücklicherweise wollen Menschen unterschiedliche Dinge, weil sie unterschiedlich ticken. Das ist auch gut so, denn stellen Sie sich vor, alle Menschen wollten den gleichen Job in der gleichen Firma. Wichtig ist, für sich selbst herauszufinden, was man braucht, um gerne und gut zu arbeiten. Geht es beispielsweise darum, möglichst autonom und mit wenigen Vorgaben zu agieren, oder ist es erstrebenswert, klare Leitsätze zu beachten und Aufgaben nach definierten Richtlinien zu erfüllen? Sind wechselnde Einsatzorte mit viel Reisetätigkeit eher attraktiv oder abschreckend? Die genannten Fragen beziehen sich beispielhaft auf die Rahmenbedingungen eines Jobs, auf das berufliche Umfeld und die Ausgestaltung einer Aufgabe. Die Fragen dienen nur sekundär der Berufsfindung, bei der die persönlichen Fähigkeiten und Talente entscheidende Einflussgrößen sind. Wenn jemand Arzt werden möchte, hat er seine Berufswahl entsprechend getroffen. Er hat aber damit nicht automatisch geklärt, in welchem Kontext er den Beruf ausüben möchte, um mit seiner Berufswahl zufrieden zu sein. Als Mediziner in einem Krankenhaus zu arbeiten, in einer Gemeinschaftspraxis oder als einzelner niedergelassener Arzt – zwischen den genannten Alternativen liegen Welten.

Ist der Kontext geklärt und ein passender Arbeitsplatz gefunden, sind die Weichen für berufliche Zufriedenheit und Erfolg gestellt. Doch wann ist jemand erfolgreich? Und wie weit kann man gehen, wenn der Anspruch lautet: »Ich mache, was ich will!«? Fangen wir mit der wichtigen Frage nach dem *Wollen* an. Haben Sie sich einmal Ihre Anforderungen an den idealen Arbeitsplatz bewusst gemacht, wird vieles einfacher. Sei es die Suche nach einem anderen Job, die neue Aufgabe nach der Umstrukturierung oder der Wechsel in ein anderes Team. Das Bewusstsein über die idealen Anforderungen und auch über die K.-o.-Kriterien hilft dabei, den Kontext oder die Aufgabe zu finden, mit der Sie zufrieden und erfolgreich sein können. Wenn Unternehmen auf Bewerbersuche gehen, formulieren sie Anzeigen, die sie in Jobbörsen online oder in Printmedien schalten. Das ist ganz selbstverständlich und normal. Warum nicht einmal eine Anzeige formulieren, mit der *Sie* den idealen Job suchen? Zugegebenermaßen ist das eher praxisfremd, hilft aber ungemein, herauszufinden, was Ihnen wirklich wichtig ist. So wichtig, dass es Ihre Zufriedenheit einschränken würde, wenn es fehlt.

»Entwickeln Sie doch einmal eine Anzeige, mit der Sie den idealen Arbeitsplatz suchen«, ermutigte ich auch Herrn G. Er ließ sich von mir coachen, um nach seiner 18-monatigen Elternzeit wieder ins Berufsleben einzustei-

TOP-Arbeitnehmer sucht TOP-Arbeitgeber

gen. Vor seiner Elternzeit hatte er seinen Job in einem Unternehmen gekündigt, für das er zwei Jahre gearbeitet hatte. Der Grund: nicht zu klärende Konflikte mit seinem damaligen Vorgesetzten. Herr G. brauchte einige Minuten, um sich in die Aufgabe hineinzudenken. Als Personalreferent hatte er schon viele Anzeigen für seinen früheren Arbeitgeber erstellt. Zu formulieren, wie der ideale Bewerber aussehen sollte, war ein vertrautes Prozedere und kein Problem. Aber die Perspektive zu wechseln und aufzuschreiben, wie sein idealer Arbeitgeber sein sollte, war neu und fiel ihm zunächst schwer. In der letzten Coaching-Session hatten wir ausführlich über Feiglinge und TOP-Arbeitnehmer gesprochen, sodass Herrn G. die Terminologie mit ihren Bedeutungen vertraut war. Selbstbewusst schrieb er zunächst den folgenden Titel über seine Anzeige: TOP-Arbeitnehmer sucht TOP-Arbeitgeber. Das Lächeln auf seinem Gesicht zeigte mir, dass er nun die nötige Energie hatte, um das ideale Arbeitsumfeld zu skizzieren, das er sich für die Zukunft wünschte.

Herr G. nahm die Aufgabe mit nach Hause und brachte zu unserem nächsten Termin folgenden Anzeigentext mit:

TOP-Arbeitnehmer sucht TOP-Arbeitgeber

Als Ehemann und Vater von drei Kindern im Alter zwischen zwei und sieben Jahren suche ich nach 18 Monaten Elternzeit ein Unternehmen, das meine Freude an der Arbeit unterstützt und moderne Personalarbeit als zukunftsweisend erachtet.

ICH BIETE
- Engagement und Leidenschaft in meinen Projekten
- Absolute Verlässlichkeit in Bezug auf getroffene Vereinbarungen
- Ein Selbstverständnis als Mitgestalter Ihres unternehmerischen Erfolges: Ich bin erst dann zufrieden, wenn das Gesamtergebnis stimmt
- Ehrlichkeit und Offenheit unabhängig von Hierarchie und Status
- Wohlwollende Kritik
- Konstruktives Feedback
- Aufgeschlossenheit gegenüber Veränderungen
- Interesse an eigener Fortbildung und Weiterentwicklung

SIE BIETEN
- Einen Vertrauensvorschuss vom ersten Tag an
- Eigenverantwortliches und selbstständiges Arbeiten
- Eine abwechslungsreiche Aufgabe mit wenig Routine

- Eine finanzielle Beteiligung an Erfolg und Misserfolg des Unternehmens durch einen variablen Teil des Gehalts
- Flexible Arbeitszeiten mit der Möglichkeit, regelmäßig an zwei Tagen pro Woche von zu Hause aus zu arbeiten
- Einen modernen Arbeitsplatz, an dem nicht mehr als zwei Personen in einem Büro sitzen
- Eine gelebte Feedbackkultur, die auch aus jährlichen Vorgesetztenbeurteilungen besteht
- Fünf Tage Fortbildung pro Jahr, die neben der fachlichen auch die persönliche Weiterentwicklung fördert
- Eine Bezahlung, die sich an Leistungsergebnissen und nicht an Arbeitszeit orientiert
- Jobsharing für Führungskräfte

»Es hat richtig Spaß gemacht, aufzuschreiben, was ich mir von meinem neuen Arbeitsplatz verspreche«, sagte Herr G., als er mit seiner fiktiven Anzeige zum nächsten Coaching kam. Auch wenn sie natürlich nie zum Einsatz kommen werde, so habe ihm diese Methode gut dabei geholfen, die eigenen Gedanken zu sortieren und Klarheit über seine Wünsche zu bekommen.

Klarheit über eigene Bedürfnisse zu erlangen erzeugt oft ein Gefühl von Zufriedenheit oder sogar Spaß und Freude. Mit ihr gewinnen Menschen Orientierung und entwickeln einen Kompass, der sie durch den Dschungel

Klarheit über die eigenen Bedürfnisse

der Möglichkeiten führt, die unsere Arbeitswelt heute bereithält. Je klarer die eigenen Bedürfnisse und Vorstellungen sind, desto stärker ist ihre Sogwirkung. Je stärker die Sogwirkung, desto ausgeprägter die Courage, mit der wir uns für genau diese Vorstellungen engagieren. Sie werden zum Ziel, das es mit voller Energie zu erreichen gilt.

Zehn Punkte hatte Herr G. aufgelistet, die sein künftiger Arbeitgeber bieten sollte. Ein Unternehmen zu finden, das alle genannten Anforderungen abdecken würde, war unrealistisch. Daher galt es im nächsten Schritt, die Anforderungen zu priorisieren. Ich schlug Herrn G. vor, die genannten Punkte in zwei Kategorien einzuteilen. Zu Kategorie A gehörten die »Must-haves«, also die Anforderungen, die Herrn G. besonders wichtig waren. Wenn sie nicht erfüllt würden, wäre das ein K.-o.-Kriterium für den potenziellen Arbeitgeber. Alle anderen Punkte waren damit automatisch in Kategorie B, der wir die Überschrift »Nice-to-have« gaben: Schön, wenn sie gegeben sind, kein Weltuntergang, wenn sie fehlen. Das Ergebnis sah so aus:

Must-have	Nice-to-have
Ein Vertrauensvorschuss vom ersten Tag an	Eine finanzielle Beteiligung an Erfolg und Misserfolg des Unternehmens
Eigenverantwortliches und selbstständiges Arbeiten	Eine gelebte Feedbackkultur, die auch aus jährlichen Vorgesetztenbeurteilungen besteht
Eine abwechslungsreiche Aufgabe mit wenig Routine	Ein moderner Arbeitsplatz, an dem nicht mehr als zwei Personen in einem Büro sitzen
Flexible Arbeitszeiten mit der Möglichkeit, regelmäßig an zwei Tagen pro Woche von zu Hause aus zu arbeiten	Fünf Tage Fortbildung pro Jahr, die neben der fachlichen auch die persönliche Weiterentwicklung fördert
Eine Bezahlung, die sich maßgeblich an Leistungsergebnissen und nicht an Arbeitszeit orientiert	Jobsharing für Führungskräfte

Um den Fokus noch weiter einzugrenzen, bat ich Herrn G., die Must-haves in ein bis zwei Sätze zu bringen und mit den Worten »Ich will …« zu beginnen. Denn: Je prägnanter und klarer wir unsere Ziele und Vorstellungen formulieren, desto eher prägen sie sich ein und werden zum Leitsatz. »Ich will eigenverantwortlich an abwechslungsreichen Aufgaben arbeiten und Arbeitszeit sowie -ort weitgehend autonom und frei von Kontrolle bestimmen. Ich will, dass die Bewertung meiner Leistung von der Qualität des Ergebnisses abhängt und nicht von der Anzahl der Arbeitsstunden.« In diesen beiden Sätzen fanden sich alle Punkte wieder. Der Vertrauensvorschuss ist mit der fehlenden Kontrolle ausgedrückt. Herr G. strahlte: »Da ist alles drin, was ich zum Glücklichsein brauche! Bisher dachte ich, Teilzeit wäre das Richtige für mich. Aber durch das Coaching ist mir klar geworden, dass es mir einfach darum geht, meine Zeit frei einzuteilen und auch von zu Hause aus aktiv zu sein. Wenn die Kinder in der Kita oder Schule sind, bleibt genug Zeit für konzentriertes Arbeiten im Homeoffice. Kontrollanrufe oder E-Mails fand ich früher schon total lästig. Es geht mir einfach um Selbstbestimmung und Eigenverantwortung – *das* ist es, auf den Punkt gebracht.«

Wie aufgeräumt und klar Herr G. nun wirkte – ganz anders als bei unserem ersten Gespräch. Da sprach er davon, »eventuell mit 20 Stunden pro Woche in Teilzeit wieder irgendwo einzusteigen«. Mit seinen beiden Leitsätzen war das *eventuell* verschwunden, die *Teilzeit* gab es nicht mehr und *irgendwo* wich der gezielten Suche nach genau dem Arbeitgeber, der zu seinen Vorstellungen passte: ein modernes Unternehmen, für das flexible Arbeitszeitgestaltung selbstverständlich ist und das Leistungsergebnis wichtiger als der Weg dorthin. Herr G. ging mit der notwendigen Klarheit in den Bewerbungsprozess – mit der idealen Stellenanzeige in seinem Kopf. In unserem Coaching war ihm bewusst geworden, welche Rahmenbedingungen ihm für seinen Job momentan am wichtigsten waren.

Eine entscheidende Voraussetzung, um mit der nötigen Klarheit und Courage auf Jobsuche zu gehen. Nach zwei Monaten hatte er eine Stelle als Personalreferent gefunden. Mit seinem ersten Projekt sollte er ein gezielt auf die junge Generation zugeschnittenes Bewerbungsverfahren entwickeln. Das Ergebnis kam gut an – auch in der Geschäftsführung. Herr G. war glücklich über den neuen Job. Und wie in seiner idealen Stellenanzeige beschrieben, konnte er seine Arbeit überwiegend von zu Hause aus machen – für seinen neuen Arbeitgeber das Normalste der Welt. Er war zufrieden, er war erfolgreich – weil er genau das machte, was er machen wollte.

Wie sieht Ihr idealer Arbeitsplatz aus? Was steht in Ihrer Anzeige? Was brauchen Sie unbedingt, um erfolgreich und motiviert zu arbeiten, und was hat weniger Priorität? Beachten Sie: Die »Must-haves« und die »Nice-to-haves« sind nicht in Stein gemeißelt, sie verändern sich entsprechend der persönlichen Lebenssituation und der individuellen Entwicklung. Es lohnt sich also, zwischendurch eine kleine Anzeige mit den idealen Job-Bedingungen zu verfassen und diese zu priorisieren. Dann müssen Sie sie nur noch mit Ihrem aktuellen Job abgleichen und bewerten, ob Wunsch und Realität im Wesentlichen zusammenpassen und Sie zufrieden und erfolgreich arbeiten. Ist dies nicht der Fall, ist es höchste Zeit, etwas zu verändern, denn:

 **TOP-Arbeitnehmer übernehmen Verantwortung und gestalten die für sie wichtigen Erfolgsfaktoren mit.**

4. Finden Sie Ihren Platz!

Alle Arbeitsplätze haben eines gemeinsam: Es geht immer um Leistung. Sie ist je nach Aufgabe unterschiedlich definiert. Die Leistung einer Lehrerin drückt sich anders aus als die eines Speditionskaufmanns, und die ist wiederum anders als die einer Arzthelferin. Um welchen Job es auch immer geht, die geforderte Leistung hat drei Dimensionen, von denen ihr Ergebnis beeinflusst wird.

Die drei Dimensionen von Leistung

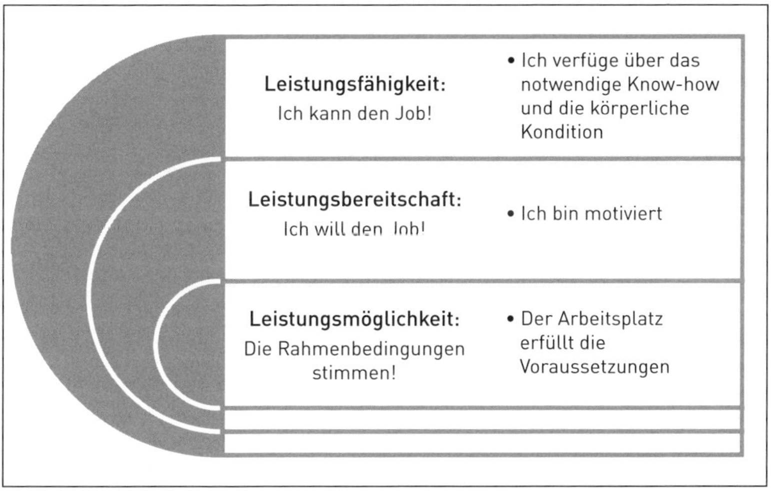

Leistungsfähigkeit:
Ich kann den Job!

- Ich verfüge über das notwendige Know-how und die körperliche Kondition

Leistungsbereitschaft:
Ich will den Job!

- Ich bin motiviert

Leistungsmöglichkeit:
Die Rahmenbedingungen stimmen!

- Der Arbeitsplatz erfüllt die Voraussetzungen

Grafik 1: Leistung

Leistungsfähigkeit

Für den Erhalt der Leistungsfähigkeit sind Arbeitgeber und -nehmer gleichermaßen verantwortlich. Führt ein Unternehmen beispielsweise eine neue Software ein, tut es gut daran, die Mitarbeiter in die Lage zu versetzen, diese anzuwenden. Das geschieht in der Regel durch entsprechende Schulungsmaßnahmen. Die Mitarbeiter verpflichten sich im Gegenzug, daran teilzunehmen. Auch die körperliche Kondition trägt maßgeblich zur Leistungsfähigkeit bei. Arbeitgeber drücken ihre Verantwortung in diesem Kontext zum Beispiel durch ergonomische Arbeitsplätze oder gesundes Essen in der Kantine aus. Mitarbeiter stellen ihre körperliche Leistungsfähigkeit im Wesentlichen dadurch sicher, dass sie auf ihre Gesundheit achten. Sie sorgen beispielsweise dafür, dass sie ausreichend Schlaf bekommen oder ihre Pausenzeiten einhalten, um fit am Arbeitsplatz zu sein.

Leistungsbereitschaft

Die primäre Verantwortung für die eigene Leistungsbereitschaft, also für die persönliche Motivation, trägt der Arbeitnehmer selbst. Ein gewissenhafter Arbeitgeber achtet zwar darauf, die Motivation der Mitarbeiter zu unterstützen und nicht zu belasten, aber auch die beste Firma kann lustlose Mitarbeiter nicht wachküssen.

Leistungsmöglichkeit

Für die Leistungsmöglichkeit ist in erster Linie der Arbeitgeber verantwortlich. Er stellt die Rahmenbedingungen bereit, die notwendig sind, um einen Job auszufüllen. Dazu gehören simple Dinge wie Räumlichkeiten, technisches Equipment, Mobiliar, aber auch klare Regelungen von Zuständigkeiten und Kompetenzen oder Richtlinien.

Das Zusammenspiel der drei Dimensionen entscheidet maßgeblich über Erfolg und Misserfolg. Ein Arbeitnehmer, der eine möglichst große Schnittmenge der drei Dimensionen für sich verbuchen kann, hat seinen Platz gefunden.

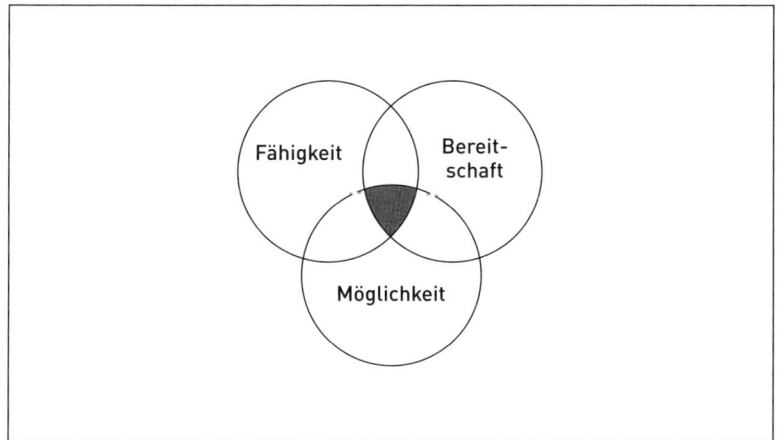

Grafik 2: Schnittmengenmodell der drei Leistungsdimensionen

TOP-Arbeitnehmer wissen das. Sie wissen auch, dass der richtige Platz weder ein Sechser im Lotto noch ein Zufallstreffer ist. Sie wissen vielmehr, dass es in ihrem Einflussbereich liegt, den richtigen Platz zu finden oder den richtigen Platz aus ihrem Job zu machen.

TOP-Arbeitnehmer erkennen ihre Möglichkeiten und Lernfelder

Wie wunderbar, dass wir Dinge beeinflussen und zu einem gewissen Teil nach unseren Vorstellungen gestalten können. Das bezieht sich im Kontext der Leistung vor allen Dingen auf Fähigkeit und Bereitschaft. Stimmt etwas im Bereich der Leistungsmöglichkeiten nicht, können Arbeitnehmer ihren Arbeitgeber lediglich darauf aufmerksam machen und auf mögliche Folgen hinweisen. Unmittelbar verändern können sie die Möglichkeiten jedoch nicht. So weisen Mitarbeiter zum Beispiel darauf hin, dass definierte Öffnungszeiten in Filialen aus ihrer Sicht nicht kundenfreundlich sind. Die einzelne

Niederlassung ist jedoch nicht autorisiert, die Öffnungszeiten eigenmächtig zu ändern. Oder wenn eine Software immer wieder abstürzt und damit zeitliche Engpässe auslöst, informieren Mitarbeiter ihre Vorgesetzten oder die Zentrale darüber. Aber selbst werden sie wohl kaum ein neues Programm kaufen und installieren. Daher fokussieren sich TOP-Arbeitnehmer in ihrem unmittelbaren Handeln auf ihre eigene Leistungsfähigkeit und ihre Motivation.

Kompetenzen up to date halten

Unsere Arbeitswelt, die stark von Veränderungen gekennzeichnet ist, verlangt ein ständiges Anpassen unserer Fähigkeiten. Ein Arbeitsleben dauert zukünftig immer länger. Die Halbwertszeit unseres Wissens beträgt im Schnitt aber nur fünf Jahre, in Branchen wie der IT sogar noch weniger. Die Verweildauer in einem Job beläuft sich aktuell durchschnittlich auf 4,5 Jahre. Und selbst innerhalb dieser 4,5 Jahre stellt sich die Frage, wer seinen Job heute noch genauso macht wie vor drei Jahren. Da heben sicherlich nur wenige die Hand. Neue Arbeitsabläufe, veränderte Aufgaben, digitale Kommunikationsmedien und vieles mehr nehmen massiven Einfluss auf die Anforderungen, die Arbeitnehmer erfüllen müssen. Wer da mithalten möchte, muss sein Wissen regelmäßig erweitern und seine Kompetenzen up to date halten. Das gilt es erst einmal zu akzeptieren und zu verinnerlichen. Nur wer begreift, dass der Erhalt der eigenen Leistungsfähigkeit ein Investment in persönlichen Erfolg und Zufriedenheit bedeutet, übernimmt Verantwortung und identifiziert seine Lernfelder.

Wie findet man seine eigenen Lernfelder? Manchmal zeigt der Arbeitsalltag deutlich auf, wo wir unsere Fähigkeiten erweitern müssen. Wenn der Arbeitgeber beispielsweise ein neues Produkt entwickelt, weiß der Mitarbeiter im Vertrieb: Um es an den Kunden verkaufen zu können, muss er das Produkt verstehen und eine überzeugende Nutzenargumentation entwickeln. Im Optimalfall bekommt er dafür aktive Unterstützung vom Unternehmen – sei es durch Schulungen, Webinare oder Informationsmaterialien. Aber was ist mit den weniger offensichtlichen Lernfeldern, die eine Weiterentwicklung notwendig machen? Welche Kompetenzen brauchen Mitarbeiter in der heutigen Arbeitswelt und in der Arbeitswelt der Zukunft? Die folgende Tabelle kann Sie dabei unterstützen, Ihre potenziellen Lernfelder für die neue Arbeitswelt zu identifizieren:

Bisherige Anforderungen an Arbeitsplätze	Zusätzliche Anforderungen unserer Arbeitswelt
Perfektion	Schnelligkeit
Team	Netzwerk
Bewährtes beibehalten	Disruptiv denken
Fachliche und soziale Kompetenz	Digitale Kompetenz

Schnelligkeit

Jeder Job beinhaltet Tätigkeiten, die fehlerfrei und perfekt laufen müssen. Da erstellt beispielsweise die Assistentin eines Abteilungsleiters eine PowerPoint-Präsentation, mit der ihr Chef den Vorstand von der Not-

Zuverlässig und schnell arbeiten

wendigkeit zusätzlichen Personals überzeugen möchte. Die Präsentation sollte annähernd perfekt, das heißt logisch aufgebaut sein und verlässliches Zahlenmaterial beinhalten. Falsche Angaben oder eine wenig überzeugende Darstellung wären hier fatal. Zusätzlich zur Perfektion verlangt unsere heutige Arbeitswelt immer häufiger auch Schnelligkeit. Vor fünf Jahren hatte die Assistentin vielleicht noch ein Woche Zeit für die Präsentation. Heute erwartet ihr Chef die fertigen Charts innerhalb eines Tages. Die Assistentin muss also zwei Anforderungen unter einen Hut bringen, die häufig im Widerspruch zueinander stehen: Sie muss schnell *und* perfekt arbeiten. Wenn das nicht klappt, suchen TOP-Arbeitnehmer nach den Gründen dafür. Die TOP-Assistentin würde sich fragen, ob ihre Kenntnisse in PowerPoint vielleicht zu schlecht sind, denn dann wäre ein Kurs sinnvoll (den sie natürlich direkt vom Unternehmen einfordert). Oder fehlt es an faktischem Wissen für den Inhalt der Präsentation? TOP-Arbeitnehmer besorgen sich die nötigen Informationen kurzerhand an den richtigen Stellen. Ganz anders handeln die Feiglinge in Unternehmen: Sie suchen die Fehler bei den anderen. Die Präsentation konnte ja gar nicht gut werden, denn der Chef hat sie nicht ausreichend dafür gebrieft. Und die letzte PowerPoint-Schulung ist auch schon Jahre her!

Netzwerk

Das Wissen anderer nutzen

TOP-Arbeitnehmer wissen: Ein gutes Team zeichnet sich dadurch aus, dass die Teamleistung höher ist als die Summe der Einzelleistungen. Sie wissen ebenfalls, dass die Konzentration allein auf das Team, in dem sie arbeiten, in unserer heutigen Arbeitswelt nicht mehr ausreicht. Um den Erfolg der Gruppe und den eigenen Erfolg zu gewährleisten, ist ein Netzwerk unabdingbar. Damit ist in erster Linie ein firmeninternes Netzwerk gemeint, aber auch ein Netzwerk über die Firmengrenzen hinaus. Das firmeninterne Netzwerk ermöglicht eine breitere Sichtweise auf das Unternehmen, es fördert den Austausch über relevante Themen aus unterschiedlichen Perspektiven und es bietet oft sehr hilfreiche Ideen von Kollegen. Wenn die oben genannte Assistentin eine TOP-Arbeitnehmerin ist, nutzt sie ihre Kontakte. Vielleicht kennt sie Kollegen aus einer anderen Abteilung, die so fit in PowerPoint sind, dass sie helfen können. Eine Bereicherung der Sichtweisen ermöglicht auch ein Netzwerk mit Menschen, die in einem anderen Kontext, einem anderen Unternehmen oder einer anderen Branche tätig sind. An welchen Projekten arbeiten andere, welche Probleme meistern sie wie? Von welchen Ideen kann ich profitieren? Womit beschäftigen sich andere? Diese Fragen stellen sich TOP-Arbeitnehmer und die Antworten darauf bilden nur einen Bruchteil der Vorteile und Anregungen ab, die externe Netzwerke bieten können. Die Möglichkeiten und Chancen, die übrigens auch in Online-Netzwerken wie XING, LinkedIn und Co. stecken, sind mannigfaltig. TOP-Arbeitnehmer wissen diese zu nutzen.

Disruptiv denken

»Never change a winning system« – wer kennt diesen Spruch nicht? Eine veraltete Sichtweise. Wörter wie *nie, immer, alle, keiner* passen nicht in eine VUKA-Welt. Dort ist nichts für immer. Was heißt das für TOP-Arbeitnehmer?

Nichts ist für immer

Es bedeutet, dass sie kritisch auf die Tätigkeiten innerhalb ihres Jobs schauen und sich selbst regelmäßig fragen, ob bestimmte Vorgänge nicht vielleicht ganz anders funktionieren oder durch neue ersetzt werden sollten. Die Assistentin könnte zum Beispiel durch ihr internes Netzwerk erkennen, dass viele ihrer Kollegen vor denselben Herausforderungen stehen. Warum also nicht eine Arbeitsgruppe im Unternehmen etablieren, in der man gemeinsam Ideen für professionelle Präsentationen entwickelt? Das wäre ein anderer Arbeitsprozess, das wäre disruptiv.

Digitale Kompetenz

Dass Mitarbeiter fachliche Kompetenz brauchen, ist klar und unumstritten. Dass sie darüber hinaus in der Lage sein sollten, Beziehungen zu anderen Menschen konstruktiv zu gestalten, verwundert auch niemanden. Schließlich arbeiten Mitarbeiter nicht auf einsamen Inseln, sondern mit Chefs, Kollegen und Kunden. Neu hinzugekommen ist in den vergangenen Jahren die Anforderung der digitalen Kompetenz: die Fähigkeit, mit digitalen Tools und Prozessen umzugehen. Dazu gehören beispielsweise der Einsatz von Voice over IP wie Skype, File-Sharing und das Beachten spezieller Regeln der Online-Kommunikation, die sogenannte »Netiquette«. In welchem Maße digitale Kompetenz erforderlich ist, hängt vom konkreten Job ab. TOP-Arbeitnehmer stehen digitalen Medien offen gegenüber, sie setzen sich mit den Formaten moderner Kommunikation auseinander und sehen dadurch in vielen Bereichen eine Erleichterung ihrer Arbeit. Sie wertschätzen, dass Telefonkonferenzen über Skype mit Zugriff auf Share-Files inzwischen manch aufwendig zu organisierendes Face-to-Face-Meeting ersetzen, weil sich die Beteiligten lange Anfahrtswege ersparen. Die Digitalisierung ist nicht aufzuhalten. Sich gegen sie zu stellen, sie zu verneinen oder zu verteufeln, ist Ausdruck des Feiglings. Bloß nicht wahrhaben wollen, wie unsere Arbeitswelt sich darstellt. Augen zu und abwarten, bis es vorbei ist. Die Digitalisierung geht aber nicht vorbei, sie geht mitten durch jeden Arbeitsplatz. TOP-Arbeitnehmer akzeptieren sie als gesetzten Fortschritt, mit dem es mitzuhalten gilt. Daher pflegen sie ihre Fähigkeiten in diesem Bereich, indem sie am Ball bleiben.

Wie steht es um Ihre Leistungsbereitschaft?

Fassen wir bis hierher zusammen: Der Platz, der uns zufrieden und nach eigener Definition erfolgreich arbeiten lässt, liegt in der Schnittmenge zwischen Leistungsfähigkeit, -bereitschaft und -möglichkeit. Letztere liegt deutlich und überwiegend in der Verantwortung des Arbeitgebers. TOP-Arbeitnehmer achten auf den Erhalt ihrer Leistungsfähigkeit, indem sie additive Kompetenzen entwickeln, die den Anforderungen unserer Arbeitswelt entsprechen. Und wie steht es um die Leistungsbereitschaft? »Kann ich nicht heißt will ich nicht.« Feiglinge sagen das nicht nur, sie denken es auch. Sie glauben tatsächlich, dass sie etwas nicht können, ohne sich bewusst zu sein, dass sie es gar nicht können wollen. »In einer Telefonkonferenz kann ich einfach keine Fragen stellen. Ich muss meinem Gesprächspartner gegenübersitzen.« So ein Quatsch! Ich glaube sofort, dass manche Menschen den persönlichen Kontakt lieber *wollen*. Aber sie *können* Kontakt auch im Rahmen einer Telefonkonferenz herstellen.

Wenn Sie herausfinden wollen, wie es um Ihre Leistungsbereitschaft steht, empfehle ich Ihnen die folgende Reflexionsmethode: Stellen Sie sich eine Schatzkiste mit zehn bunten Murmeln vor und beantworten Sie sich folgende Frage: Mit wie viel Motivation übe ich momentan meinen Job aus? Zehn Murmeln stehen für höchste Motivation, eine Murmel für minimale und keine für völlige Demotivation. Mit wie vielen Murmeln sind Sie dabei? Treffen Sie Ihre Wahl möglichst spontan, denn Motivation ist ein Gefühl, keine Entscheidung. Notieren Sie die Punkte auf einem Blatt Papier. Das gewährleistet eine höhere Qualität, als wenn Sie es bei Gedanken im Kopf belassen.

Leistungsbereitschaft reflektieren

- Liegt die Anzahl Ihrer Murmeln bei *mindestens acht* – herzlichen Glückwunsch! Sie scheinen beruflich wirklich motiviert zu sein und sind entsprechend zufrieden.
- Liegt die Anzahl Ihrer gewählten Murmeln *zwischen fünf und sieben*, notieren Sie, was Sie gut und schlecht an Ihrem Job finden.
- Liegt die Anzahl Ihrer Murmeln *unterhalb von fünf,* fragen Sie sich, warum Sie diesen Job überhaupt machen. Wenn Sie keine ausreichende Antwort finden, empfehle ich eine berufliche Umorientierung. Auf den Punkt gebracht: Suchen Sie sich einen anderen Job!
- *Vier Murmeln und weniger* sind zu wenig für Leistungsbereitschaft, zu wenig für Erfolg, viel zu wenig für Zufriedenheit und weit weg von Ihrem Platz!

Die Punkte, die auf Ihrer Negativliste stehen, also die Einflüsse, die Ihre Motivation trüben, gilt es in Angriff zu nehmen. Trennen Sie beeinflussbare Faktoren von unbeeinflussbaren und stürzen Sie sich mit voller Energie auf die beeinflussbaren.

5. Seien Sie auch mal illoyal!

Loyalität ist eine tragende Säule für viele Formen des menschlichen Miteinanders. Sie stärkt Verbindungen im privaten wie im beruflichen Bereich. Freundschaften und Partnerschaften würden ohne Loyalität gar nicht funktionieren, genauso wenig wie Arbeitsverhältnisse und Kundenbeziehungen. Daher wundert es niemanden, dass Unternehmen loyale Mitarbeiter wollen und Mitarbeiter von ihren Chefs und Kollegen ebenfalls Loyalität erwarten. Doch was genau ist Loyalität und wie drückt sie sich aus? Begriffe zu hinterfragen, die wir ständig verwenden und die in aller Munde sind, weckt oft das Bewusstsein für ihre Vielschichtigkeit. So ging es auch mir, als ich mein Verständnis von Loyalität in Worte fassen wollte.

Für mich ist jemand loyal, auf den ich mich verlassen kann, jemand, der sich mir verbunden fühlt, der ehrlich mit mir umgeht und darauf bedacht ist, mir keinen Schaden zuzufügen.

Loyalität ist subjektiv

Das ist mein Verständnis von Loyalität – ohne Anspruch auf eine allgemeingültige Definition. Um die geht es mir auch gar nicht. Entscheidend ist, was jeder Einzelne, Sie und ich unter Loyalität verstehen. Ich wollte wissen, wie andere Loyalität interpretieren, und habe Teilnehmer meiner Seminare sowie Kunden gefragt. Hier sind Auszüge ihrer Antworten:

- »Loyal ist jemand, dem ich vertrauen kann und der anderen gegenüber wohlwollend von mir spricht.« (Kauffrau für Versicherungen und Finanzen)
- »Loyal ist jemand, der zu mir und zu unserer Firma steht und sie zuverlässig unterstützt.« (Bereichsleiter in einer Bank)
- »Loyalität ist für mich hundertprozentige Verlässlichkeit zwischen Menschen.« (Personalreferentin in einem Pharmaunternehmen)
- »Loyalität ist, wenn mich jemand anderen Menschen gegenüber wertschätzt.« (Leiterin eines Kindergartens)
- »Loyalität heißt, dass jemand Wege mitgeht, die ich entschieden habe, die die Person jedoch anzweifelt.« (Geschäftsführer im Einzelhandel)
- »Loyalität bedeutet, dass mir jemand den Rücken stärkt, indem er hinter mir steht.« (Arzthelferin)
- »Loyalität ist die Verbindung zwischen Vertrauen und Verlässlichkeit.« (Assistentin eines Geschäftsführers)
- »Loyalen Mitarbeitern vertraue ich uneingeschränkt: Sie wissen viel und sie wissen genau, was sie davon wem sagen

können, um der Firma zu nutzen.« (Gründer eines Start-up-Unternehmens)

Loyalität ist kein Dogma

So unterschiedlich die Aussagen sind, so machen sie doch alle deutlich, dass Loyalität eine emotionale Zusage und von Gegenseitigkeit getragen ist. Das heißt, Unternehmen, die loyale Mitarbeiter beschäftigen möchten, tun gut daran, sich ihren Mitarbeitern gegenüber ebenfalls loyal zu verhalten. Wenn das in beide Richtungen klappt, ist das wunderbar. Aber manchmal kommen Mitarbeiter in regelrechte emotionale Engpässe, weil ihre Vorstellungen und Werte mit dem Verhalten einer Person kollidieren. Meistens ist diese Person der unmittelbare Vorgesetzte. Wenn dessen Verhalten in wesentlichen Teilen keine Akzeptanz beim Mitarbeiter findet, vielleicht sogar auf Ablehnung stößt, dann wird es richtig schwer mit der Loyalität. TOP-Arbeitnehmer erkennen den Moment, in dem Loyalität zur Fessel wird, die ihnen Handlungsspielraum nimmt, sie ohnmächtig macht und sie immer weiter von Zufriedenheit und Erfolg wegzieht. Dann heißt es, loslassen, Loyalität nicht als Dogma verstehen, sondern sich selbst erlauben, auch einmal illoyal zu sein. Das klingt zugegebenermaßen etwas abgedreht und theoretisch, ist es jedoch gar nicht, wie das folgende Beispiel zeigt.

Frau S. arbeitete bereits acht Jahre als Vertriebsdisponentin bei einem Personaldienstleister. Ihre Kernaufgabe bestand darin, Arbeitsplätze zu vermitteln. Konkret hieß das, Firmen zu finden, die vakante Jobs besetzen wollten, und dafür geeignete Bewerber zu identifizieren und zu vermitteln. »Ein toller Job!«, sagte sie immer wieder. Ihre Zufriedenheit war deutlich zu spüren, und der Erfolg gab ihr recht: Sie hatte ihren Platz gefunden, und die Anzahl der erfolgreichen Vermittlungen lag weit über dem Durchschnitt ihrer Kollegen. »So kann es bleiben«, wünschte sich Frau S. Aber in unserer VUKA-Welt passt eher die Aussage »Alles bleibt anders«. Und anders kam es wirklich.

Am 1. Januar bekam Frau S. eine neue Niederlassungsleiterin. Das ist für ein Team immer eine besondere Herausforderung. Erschwerend kam in dieser Situation hinzu, dass auch die Position des Bereichsleiters neu besetzt wurde. Das war die Funktion, die der Niederlassungsleitung hierarchisch übergeordnet war. Frau S. bekam also zwei neue Vorgesetzte: eine Chefin und den Chef-Chef. Es war nicht der erste Führungswechsel, den sie erlebte, und daher sah sie der Sache entspannt entgegen. Die neue Niederlassungsleiterin, Frau P., war sympathisch und brachte viel Erfahrung als Führungskraft mit. Erstaunlich fand Frau S. allerdings, dass Frau P., die zuvor Leiterin des Fachbereichs Mitgliederservice in einem Verband gewesen war, weder aus der Branche kam noch Vertriebserfahrung hatte. »Unsere Personalabteilung hat sich bestimmt etwas dabei gedacht und die Stelle gewissenhaft besetzt«, beruhigte sich Frau S.

Doch ihrer neuen Chefin fiel es deutlich schwer, sich mit den für sie fremden Inhalten vertraut zu machen. Tarifverträge, Arbeitnehmerüberlassung, Bewerbermanagement – das waren alles neue Lernfelder für sie. Im Laufe der Zeit gewann sie mehr Sicherheit und Know-how in ihrem neuen Aufgabengebiet. Aber Vertrieb war nach wie vor nicht ihr Ding. Also definierte sie ihre Rolle mehr und mehr über reine Steuerungsaufgaben wie zum Beispiel das Controlling der Kennzahlen oder das Evaluieren von Vertriebsaktivitäten. Eigene Kunden betreute sie nicht und Neukundenakquisition hatte sie für sich ausgeschlossen. Das war für die Mitarbeiter der Niederlassung eine völlig neue Situation, denn ihr früherer Chef hatte durch seine Vertriebsstärke einen erheblichen Beitrag am Erfolg der Niederlassung gehabt. Hinzu kam, dass die Kunden, die er betreut hatte, inzwischen vollständig in die Zuständigkeit von Frau S. gewechselt waren. Dadurch wuchs ihr Kundenstamm um die Hälfte an. Während der Einarbeitung ihrer neuen Chefin war das durchaus notwendig und in Ordnung für Frau S. Dass es jedoch eine Dauerregelung sein würde, kam überraschend. »Sie sind vertrieblich besonders stark«, hatte Frau P. sie ermutigt. »Sie schaffen das bestimmt!« »Das mag auf das Bestandskundengeschäft zutreffen«, antwortete Frau S., »aber mir wird die Zeit im Neukundengeschäft fehlen.« »Das wird sich schon alles zurechtruckeln. Ich habe jedenfalls keine Ahnung von Vertrieb und daher kann ich bei der Betreuung und Akquisition nicht wirklich helfen.« »Klare Worte«, dachte Frau S. nach dem Gespräch. Sie fragte sich, ob das Verhalten von Frau P. im Sinne des Bereichsleiters war, denn üblicherweise beteiligten sich Niederlassungsleiter aktiv am Vertrieb. Die kommenden Wochen und Monate verstärkten ihre Sorgen. Durch die Übernahme der Bestandskunden fehlten Frau S. praktisch eineinhalb Tage pro Woche, die sie früher in die Kaltakquise investiert hatte. Und die fehlende Vertriebsaktivität von Frau P. war ebenfalls spürbar.

All das drückte sich bald in den Zahlen der Niederlassung aus. Frau S. und ihre Kollegen staunten nicht schlecht, als Frau P. in der wöchentlichen Teamrunde deutliche Kritik übte. »Wenn Sie alle so weitermachen, werden wir unsere Jahresziele nicht erreichen«, formulierte sie mit vorwurfsvollem Unterton. Leider behielt sie recht: Das Jahresergebnis der Niederlassung lag weit unter den geplanten Zielen und war so schlecht wie nie zuvor. Frau S. war frustriert. Von ihrer einstigen Motivation war nicht mehr viel übrig geblieben, stattdessen machten sich Enttäuschung und Frust breit: »Wie gerne würde ich wieder in den Außendienst gehen und Firmen für eine Zusammenarbeit gewinnen!« Fest entschlossen, die Situation nicht einfach hinzunehmen, schickte sie ihre Gedanken auf die Suche nach einer Lösung. »Schade, dass der Bereichsleiter so selten bei uns ist und bei seinen Besuchen ausschließlich Kontakt mit Frau P. hat. Sonst könnte ich ihn ansprechen und um Rat bitten«, dachte sie. »Aber damit würde ich Frau P. übergehen, und das wäre illoyal.

Gleich im ersten Mitarbeitergespräch hatte sie betont, wie wichtig ihr Loyalität ist.« Der innere Dialog führte schließlich zu ihrer Entscheidung: Sie wollte Frau P. auf die Situation ansprechen. »Ich bin über die schlechten Zahlen unserer Niederlassung genauso enttäuscht wie Sie. Und ich glaube, dass wir die neuen Jahresziele mit der aktuellen Arbeitsverteilung nicht erreichen können«, eröffnete sie mutig das Gespräch mit ihrer Chefin. »Und ich glaube nicht, dass die Arbeitsverteilung in Ihren Zuständigkeitsbereich fällt. Abgesehen davon sehe ich sie auch nicht als Ursache für unseren Misserfolg. Ich glaube vielmehr, dass es eine Frage Ihrer Selbstorganisation ist.« Frau S. bekam beinahe Schnappatmung. »Sie meinen, es liegt an meiner Arbeitsorganisation, dass wir im Neukundengeschäft fast nichts geschafft haben und auch die Stellenbesetzung bei Bestandskunden rückläufig ist?«, fragte Frau S. ungläubig. »Ja, davon bin ich überzeugt. Sie sollten nach Möglichkeiten suchen, Ihr Arbeitstempo zu erhöhen.« Frau S. war sprachlos. Sie war derart geschockt, dass sie den Vorschlag ihrer Chefin, »doch mal in einer anderen Niederlassung zu hospitieren«, kommentarlos hinnahm. »Die Kollegen dort vermitteln Ihnen bestimmt gute Anregungen, wie Sie Ihre Zeit effektiver und effizienter nutzen können.«

Eine Woche später in der benachbarten Niederlassung: »Wie läuft es denn so bei euch? Ist die neue Niederlassungsleiterin gut?«, wollte ihr Kollege gleich am ersten Tag von Frau S. wissen. »Werd jetzt bloß nicht illoyal!«, ermahnte sie ihre innere Stimme. Entsprechend lautete auch ihre Antwort: »Wir sind zwar momentan nicht so recht auf Erfolgskurs, aber Frau P. ist wirklich eine gute Niederlassungsleiterin, die mit uns nach Optimierungsmöglichkeiten sucht. Aus diesem Grund bin ich nun hier.« Ein wirklich loyales Verhalten und dem Kollegen gegenüber durchaus angemessen. Es war wenig überraschend, dass die Hospitation das Problem nicht lösen konnte. Das um 50 Prozent gestiegene Arbeitspensum ließ sich durch ein verändertes Selbstmanagement nicht ausgleichen. Das war Frau S.

völlig klar. Klar war ihr auch, dass es nun an der Zeit war, das Gespräch mit dem Bereichsleiter zu suchen. »Soll ich Frau P. darüber in Kenntnis setzen? Soll sie vielleicht bei dem Gespräch dabei sein? Falle ich ihr in den Rücken, wenn ich das Gespräch ohne sie und ohne ihr Wissen führe?« Mitarbeiter, die in einem Loyalitätskonflikt stecken, leiden. Sie machen sich Gedanken und es drängt sich immer mehr die Frage auf: »Wann ist es Zeit, mir zu erlauben, illoyal zu sein?« Frau S. entschied sich, mit ihrem Bereichsleiter zu sprechen, ohne Frau P. darüber zu informieren. Eine gute Entscheidung! Warum? Weil die Situation in der Niederlassung nachhaltig Unzufriedenheit und Misserfolg verursachte: für Frau S., für die Niederlassung und damit für das gesamte Unternehmen. TOP-Arbeitnehmer haben den dringenden Wunsch, erfolgreich in einem erfolgreichen Unternehmen zu arbeiten. Gerade ihre kurzzeitige Illoyalität machte Frau S. somit zu einer TOP-Arbeitnehmerin.

Notwendiger Loyalitätsbruch

»Ich würde gerne ein vertrauliches Gespräch mit Ihnen führen«, eröffnete Frau S. das Telefonat mit ihrem Bereichsleiter. »Wenn vertraulich heißt, ohne Ihre Niederlassungsleiterin, sage ich sofort nein. Derartige Gespräche kommen für mich nicht infrage. Frau P. ist Ihre direkte Ansprechpartnerin für alle Themen, nicht ich.« Frau S. schluckte. »Und wie wäre ein Gespräch zu dritt? Mir liegt die Entwicklung der Niederlassung sehr am Herzen – und die sehe ich gefährdet«, antwortete Frau S. Der Bereichsleiter stimmte schließlich zu und bat Frau S., einen Termin mit Frau P. abzustimmen. Gar nicht so einfach! Frau P. war nicht begeistert von der Idee und Frau S. hatte das Gefühl, dass sie ihr die Initiative übel nahm. Sie trafen sich ein paar Tage später, die Anspannung zwischen den beiden Frauen war deutlich zu spüren. Der Bereichsleiter eröffnete das Gespräch mit den Worten: »Meine Damen, ich schlage vor, dass Sie das Thema erst einmal im Dialog anstoßen. Wenn ich die

Notwendigkeit sehe, mich einzuklinken, werde ich das dann tun.« Ab diesem Zeitpunkt war er mehr mit seinem Handy als mit dem Gesprächsinhalt beschäftigt. Aktiv beteiligte er sich praktisch gar nicht. Nach zirka zehn Minuten verabschiedete er sich und wünschte den Damen ein gutes Einvernehmen im Sinne der Niederlassung. »Unfassbar!«, dachte Frau S. Sie war entsetzt über die Teilnahmslosigkeit des Bereichsleiters. Anscheinend war er der Auffassung, dass Mitarbeiter ihre Probleme ausschließlich mit ihrer direkten Führungskraft klären sollen. Mit dieser Haltung distanzieren sich Vorgesetzte von den Mitarbeitern und lassen diese oft hilflos zurück. Hilflos fühlte sich auch Frau S. nach dem Gespräch. Frau P. nahm ihr schwer übel, dass sie sich an den Bereichsleiter gewendet hatte. »Das war absolut illoyal! Sie sind mir in den Rücken gefallen«, warf sie Frau S. vor.

Was für eine schreckliche Situation! Das war ein absoluter Reinfall gewesen. Aufgeben wollte Frau S. aber noch lange nicht. »Die Gespräche mit meiner Chefin haben nichts gebracht. Gleiches gilt für das Gespräch mit dem Bereichsleiter. Nun sehe ich drei Möglichkeiten: Ich suche mir einen neuen Job, ich spreche mit dem Betriebsrat oder ich hole mir einen Termin bei unserem Geschäftsführer.« Das waren ihre Gedanken, umgesetzt hat Frau S. zwei davon: Sie bemühte sich um einen Termin mit dem Geschäftsführer und fing parallel an, Bewerbungen zu schreiben.

 **TOP-Arbeitnehmer denken in Alternativen und verlassen sich nicht auf einen Weg.**

Undercover-Mitarbeiter hätten Frau P. im ganzen Unternehmen schlecht gemacht – hinter ihrem Rücken, versteht sich. Mitläufer hätten spätestens jetzt die Klappe gehalten und alles nur noch über sich ergehen lassen. Frau S. aber ging mit mutigen und klaren Worten in das Gespräch mit dem Geschäftsführer: »Dass ich hier bei Ihnen sitze, wirkt wahrscheinlich illoyal. Ich versichere Ihnen aber, dass ich dem Unternehmen gegenüber absolut loyal bin. Das zwingt mich allerdings dazu, meiner Vorgesetzten gegenüber illoyal zu werden.« Skeptisch sah sie der Geschäftsführer an. Davon ließ sie sich nicht beirren. Frau S. war fest entschlossen, die Situation zu verändern, und nahm in Kauf, dass die Geschichte ungut für sie ausgehen könnte. Auf das Worst-Case-Szenario bereitete sie sich schließlich parallel durch ihre Bewerbungen vor. Das gab ihr ein gutes Gefühl. »Die Kernfrage ist, ob ein Niederlassungsleiter aktiven Vertrieb betreiben soll«, fuhr sie fort. »Falls nein, müssen die Vertriebsziele der Niederlassung angepasst oder zusätzliche Vertriebsdisponenten eingestellt werden. Das ist meine Sicht als Mitarbeiterin. Ich wende mich mit der Bitte an Sie, mir und dem ganzen Team zu helfen, wieder erfolgreich für das Unternehmen zu arbeiten.« Der weitere Gesprächsverlauf zeigte, dass auch der Geschäftsführer loyal war: Er nahm die Sicht von Frau S. auf, jedoch ohne Position zu beziehen, und informierte sie über seine nächsten Schritte. Es folgten weitere Gespräche: Der Geschäftsführer sprach mit seinem Bereichsleiter und eine Woche später führte dieser ein Gespräch gemeinsam mit Frau P. und Frau S.

Und wie ging die Sache aus? Der Bereichsleiter informierte darüber, dass er die Funktion des Niederlassungsleiters nicht unmittelbar mit vertrieblichen Aktivitäten verknüpft sähe. Der Schwerpunkt liege für ihn eindeutig auf der Führung und Steuerung des Teams. Für die Niederlassung von Frau P. wurde eine zusätzliche Halbtagskraft eingestellt. Die neue Sachbearbeiterin nahm Frau S. viele administrative Tätigkeiten ab, sodass diese sich auf den reinen Vertrieb konzentrieren konnte. Die Niederlassung wurde wieder erfolgreich, aber das Verhältnis zwischen Frau P. und Frau S. blieb angespannt. Frau P. warf ihrer Mitarbeiterin immer wieder vor, ihr in den Rücken gefallen zu sein. Frau S. konnte damit leben, denn für sie war klar: Erst durch die vermeintliche Illoyalität ihrer Chefin gegenüber konnte sie loyal gegenüber ihrem Arbeitgeber sein.

6. Bleiben Sie sich treu!

Stellen Sie sich eine Band vor, die Musik spielt, die sie selbst schrecklich findet. Einen Veganer, der in einer Schlachterei arbeitet, oder einen Künstler, dem seine eigenen Werke nicht gefallen. Hier liegt die Vermutung nahe, dass weder die Musiker noch der Veganer noch der Künstler zufrieden und erfolgreich in ihren Jobs sind – weil sie dauernd etwas tun, was ihnen zuwider ist.

In unserer heutigen Arbeitswelt kann es schnell passieren, dass wir an Jobs geraten, die uns wenig bis gar nicht entsprechen. Eine Restrukturierung jagt die nächste und ehe man sichs versieht, erfolgt die Versetzung in einen Bereich, in den man freiwillig nie gewechselt wäre. Doch was macht man dann? Kündigen? Sich weigern, den neuen Job anzunehmen? Oder einfach Augen zu und durch?

Sinn oder Unsinn? Das ist hier die Frage!

Für den Mitläufer ist »Augen zu und durch« die bequemste Lösung: Er sagt Ja und Amen zum neuen Job und hat innerlich bereits gekündigt, bevor er ihn überhaupt angetreten hat. Für das Unternehmen schlecht, für den Mitarbeiter noch schlechter. Von Zufriedenheit und Erfolg Lichtjahre entfernt. Der Undercover-Mitarbeiter geht mit der Situation auch nicht viel besser um als der Mitläufer. Er nimmt den Job ebenfalls an, erzählt jedoch überall herum, wie schrecklich seine neue Aufgabe sei und wie übel das Unternehmen ihm mitgespielt habe. Man habe ihn quasi gezwungen, den Posten anzunehmen. Damit folgt er der zweiten Alternative, denn bei Licht betrachtet weigert er sich innerlich, den Job wirklich anzunehmen. Weder der Mitläufer noch der Undercover-Mitarbeiter sehen in ihrer neuen Aufgabe einen Sinn.

Wenn ein Job so gar nicht unseren Vorstellungen entspricht, geht der Sinn verloren, und das nagt massiv an der Zufriedenheit. Davon betroffene Menschen laufen eher Gefahr, sich zu verbrennen, als die Workaholics, die aus Leidenschaft rund um die Uhr arbeiten. Sinnlose Arbeit verbrennt. Daher ist es umso wichtiger, sich selbst zu fragen, wie ein Job aussehen soll, damit es einen Sinn ergibt, ihn zehn, zwanzig oder vierzig Stunden pro Woche auszuüben.

Nach innen stimmig, nach außen glaubwürdig

TOP-Arbeitnehmer stellen sich diese Frage. Sie wissen, was ihnen beruflich wichtig ist, stehen dazu und setzen sich dafür ein. Ist ihnen Sicherheit wichtig, werden sie Jobs mit hohem Risiko meiden. Ist ihnen Kreativität wichtig, werden sie Jobs mit starren Regelwerken aus dem Weg gehen, und ist ihnen Geld wichtig, werden sie darauf achten, sich in möglichst gut zahlenden Branchen zu bewegen. Dabei ist der TOP-Arbeitnehmer kein Lustwandler, der nur Jobs ausübt, die uneingeschränkt seinen Vorstellungen entsprechen. Ihm ist wichtig, authentisch zu sein: nach innen stimmig und nach außen glaubwürdig. Gleichzeitig ist ihm bewusst, dass er sich auf Situationen am Arbeitsplatz einstellen muss, und er begegnet ihnen mit Flexibilität und Kompromissbereitschaft. Er ist sich seiner idealen Vorstellungen bewusst und findet immer wieder die Balance zwischen Authentizität und Anpassung. Jenseits der Anpassung kommt das Verbiegen, so wie die oben erwähnten Musiker, der Veganer und der Künstler es tun. Das vermeidet der TOP-Arbeitnehmer. Wenn er spürt, dass ihm ein Job überhaupt nicht guttut, nicht zu ihm passt, dann ist er bereit, ihn aufzugeben und zu wagen, sich auf etwas Neues einzulassen. Diesen Mut entwickelt er, weil er weiß, wie wichtig es ist, sich treu zu bleiben.

Mit Beharrlichkeit zum Traumjob

»Mir war nicht bewusst, welche Relevanz Klarheit und Courage haben, wenn man sich selbst treu bleiben will«, sagte Herr D., als er endlich in seinem Traumjob angekommen war. Dass es überhaupt einen Traumjob gibt und wie dieser für ihn aussehen könnte, waren Überlegungen, mit denen er sich bis vor zwei Jahren nicht beschäftigt hatte. Nach einem abgebrochenen Studium und seiner Ausbildung als Bankkaufmann war er froh, eine Festanstellung als Betreuer in einer Großbank bekommen zu haben. 24 Jahre jung startete er mit viel Energie in seinen ersten festen Job. Er war stolz darauf, von seinem Arbeitgeber übernommen worden zu sein. Das traf auf die meisten seiner ehemaligen Azubi-Kollegen nicht zu. Einige waren mehrere Monate nach abgeschlossener Ausbildung immer noch auf Stellensuche. »Habe ich ein Glück!«, dachte der frisch gebackene Banker, als er in der Filiale in Hamburg seinen Job antrat. Alles schien zu passen: Team gut, Chef klasse, Aufgabe interessant. Und doch spürte Herr D. nach einem Jahr eine zunächst noch latente Unzufriedenheit. »Jeden Tag derselbe Weg, jeden Tag derselbe Schreibtisch, immer dieselben Kollegen – ist das monoton!« Wenn Herr D. Freunden seine Gedanken mitteilte, erntete er häufig verständnislose Blicke. »Aber du hast doch einen echt tollen Job!« »Ja, eigentlich schon«, antwortete Herr D. wenig überzeugend. »Die haben ja recht. Der Job macht Spaß, und wenn ich es schaffe, der Monotonie entgegenzuwirken, ist alles gut.«

Herr D. ließ sich einiges einfallen: Er probierte mehrmals in der Woche alternative Wege zur Filiale aus: mal mit dem Auto, mal mit Bahn und Bus. Dafür nahm er sogar mehr Kilometer und einen höheren Zeitaufwand in Kauf. Wenn seine Kollegen nicht da waren, durfte er deren Schreibtische nutzen – wenigstens etwas Abwechslung. Und doch stimmte etwas nicht. Seine Unzufriedenheit wurde immer größer. Das spürte auch der Filialleiter und überlegte, wie er den jungen Mann motivieren konnte. »Der Umgang mit Kunden macht Ihnen Freude und Ihre Verkaufszahlen sind gut. Was halten Sie davon, wenn ich Sie zu unserem internen Aufbau-Verkaufstraining anmelde? Das ist ein dreitägiges Seminar für erfahrene Betreuer.« Herr D. stimmte sofort zu. Die Aussicht, drei Tage an einem anderen Ort zu arbeiten, gefiel ihm und natürlich fühlte er sich wertgeschätzt, nach nur einem Jahr Berufserfahrung an einem Verkaufstraining für erfahrene Hasen teilnehmen zu können.

Anregungen aufnehmen

Das Seminar fand bereits vier Wochen später im Weiterbildungszentrum der Bank statt. Herr D. war begeistert. Nicht nur vom Seminar selbst, sondern auch von der spannenden Aufgabe des Trainers und der Atmosphäre im Weiterbildungszentrum. Dort herrschte reger Betrieb, Teilnehmer und Trainer kamen und gingen. Herr D. wollte mehr über den Job des Seminarleiters wissen und sprach den Trainer in einer Kaffeepause an. »Ich würde gerne mehr über den Trainer-Job erfahren, zum Beispiel, wie viele unterschiedliche Seminare Sie geben – es wird ja nicht immer das gleiche sein. Und an welchen Orten schulen Sie?« Der Trainer gab bereitwillig Auskunft, und je mehr er von seinem Job erzählte, desto begeisterter war Herr D. »Wow!«, dachte er auf der Rückfahrt vom Seminar. »Das scheint ein wirklich toller Job zu sein. Reisen durch ganz Deutschland, unterschiedliche Seminarthemen, mal allein in der Bütt, mal Trainings zu zweit, zwischendurch konzeptionelles Arbeiten, dann wieder Seminare halten.« Je länger er die Eindrücke auf sich wirken ließ, desto klarer wurde ihm sein Zielbild: Er wollte Trainer werden.

»Na, Herr D., wie war das Seminar? Haben Sie gute Anregungen für Ihre Kundengespräche bekommen?« Der Filialleiter war gespannt auf die Rückmeldungen seines Mitarbeiters und natürlich hoffte er, dass das Verkaufstraining tatsächlich einen Motivationsschub bei Herrn D. ausgelöst hatte. Das traf zweifelsohne zu – nur nicht so, wie vom Filialleiter beabsichtigt. »Das war eine wirklich gute Idee von Ihnen, Herr F.«, begann Herr D. »Das Training hat mir inhaltlich viel gegeben. Aber noch wichtiger sind die Anregungen, die sich darüber hinaus persönlich für mich ergeben haben.« »Was meinen Sie genau?«, wollte der Filialleiter wissen. »Ich habe Ihnen ja im Vorfeld gesagt, dass mir hier als Kundenbetreuer die Abwechslung fehlt. Ich glaube, dass mir die Aufgabe als Trainer viel besser liegen würde. Da ist kaum ein Tag wie der andere. Hinzu kommt, dass das meinem ursprünglichen Berufswunsch als Lehrer sehr nahekommt. Ich hatte mein Studium damals abgebrochen, weil ich mir nicht vorstellen konnte, in der heutigen Zeit einen Haufen lustloser Schüler zu unterrichten. Aber als Trainer arbeitet man mit Erwachsenen, und das ist etwas ganz anderes.«

Herr F. musste erst einmal schlucken. »Finden Sie nicht, dass Ihre Idee etwas übereilt ist? Sie haben viel Erfolg als Betreuer in unserer Filiale, sind geschätzt bei Kunden und Kollegen, und ich bin sicher, dass der Vertrieb unserer Bank mittelfristig attraktive Perspektiven für Sie bietet. Leute wie Sie sind sowohl im Privat- als auch im Firmenkundengeschäft gefragt.« »Das mag sein. Aber es ist nicht *mein* Weg.« Herr D. war über seine eigenen Worte erstaunt. Die Klarheit über sein berufliches Ziel gab ihm erstaunlichen Rückenwind. Er sah sich weder als Privat- noch als Firmenkundenbetreuer in der Filiale, sondern als Trainer im Weiterbildungszentrum. Sein Vorgesetzter hatte starke Bedenken und hielt die Idee des jungen Mitarbeiters für vorschnell und falsch. Er war von der Vertriebsstärke des jungen Mannes überzeugt und sah dessen weiteren Weg ganz klar im Vertrieb. Auch die Reaktionen von Freunden und Bekannten ließen eher Zweifel und Skepsis als Bestätigung erkennen. Aber das brachte Herrn D. nicht von seinem Weg ab. Mit seinen inzwischen 25 Jahren wusste er ziemlich genau, was er wollte. »Ich brauche Freiraum und Abwechslung. Routine finde ich furchtbar. Und ich möchte andere etwas lehren und sie in ihrer Entwicklung weiterbringen«, erklärte er sich und anderen.

Nach dem Gespräch mit Herrn F. war die Stimmung zwischen Mitarbeiter und Chef etwas angespannt. Herr F. hatte die Teilnahme an dem Verkaufstraining als Bonbon gemeint, das Herrn D. den Job als Kundenbetreuer wieder schmackhafter machen sollte. Schließlich war der junge Mann ein Leistungsträger in der Filiale, und die lassen viele Chefs nur ungern von dannen ziehen. Nobody is perfect – auch Chefs nicht, aber das ist ein anderes Thema.

Herr D. spürte die getrübte Stimmung zwischen ihm und seinem Chef. Das bedauerte er sehr, aber an Fahrt verlor er deswegen nicht. Im Gegenteil: Er wollte so schnell wie möglich herausfinden, was die Voraussetzungen waren, um Trainer zu werden. Das Gespräch mit der Personalerin war leider ziemlich ernüchternd: Mindestalter für Trainer 26, mindestens drei Jahre Erfahrung im Vertrieb, Nachweis über Ausbildereignungsprüfung, Einreichen eines Konzeptes für eine zweistündige Trainingssequenz zu einem vorgegebenen Bankthema, Durchführen eines entsprechenden Probetrainings, bei dem »wirkliche« Trainer die Seminargruppe spielten, danach dann die Entscheidung. »Puh, ein taffes Programm«, dachte Herr D. nach dem Gespräch. Zu Hause angekommen, notierte er die Anforderungen und fasste die notwendigen Schritte in einer Übersicht zusammen:

Nicht beeinflussbare Anforderungen	Beeinflussbare Anforderungen
Mindestalter 26	Ausbildereignungsprüfung
Drei Jahre Berufserfahrung	Trainingskonzept
	Durchführung eines Probetrainings

Ein halbes Jahr später bestand Herr D. die Ausbildereignungsprüfung. Beim Trainingskonzept und der Vorbereitung auf das Probetraining wurde er von einem ehemaligen Kommilitonen unterstützt, der inzwischen als Lehrer arbeitete und natürlich bestens wusste, wie man Unterrichtseinheiten konzipierte. Am Tag seines Geburtstags rief Herr D. in der Personalabteilung an. »Ich bin nun 26 Jahre alt und verfüge über mehr als zwei Jahre Berufserfahrung als Kundenbetreuer. Ich habe in den internen Stellenausschreibungen gesehen, dass Sie einen Trainer suchen, und schicke Ihnen heute meine Bewerbungsunterlagen.« Die Personalreferentin war von seiner Zielstrebigkeit beeindruckt. Obwohl er immer noch nicht genug Berufserfahrung hatte, wurde die Bewerbung berücksichtigt. Es wird Sie nicht überraschen: Der junge Mann hat den Job als Trainer bekommen. Sein Konzept und das Probetraining waren gut, aber besonders überzeugend waren sein persönliches Auftreten und die Sicherheit, die er vermittelte: »Ich will das und daher kann ich es.«

Und so war es auch. Herr D. fand Zufriedenheit und Erfolg in seiner Rolle als Trainer. »Wie gut, dass ich mich von Herrn F. nicht habe überreden lassen, Kundenbetreuer zu bleiben.« Herr D. hatte Verantwortung für seine berufliche Entwicklung übernommen. So, wie es sich für einen TOP-Arbeitnehmer gehört.

Erst viele Jahre später erkannte Herr D. eine gewisse Logik hinter seiner Entwicklung. In diversen Fortbildungen lernte er unterschiedliche Persönlichkeitsanalysen kennen und fand sich in den

Typologien wieder. Ihm wurde klar, dass sein Weg kein Zufall war, sondern das Ergebnis seiner Konsequenz: Er war sich und seinen Vorstellungen treu geblieben.

Wie hilfreich und nützlich Persönlichkeitsmodelle für TOP-Arbeitnehmer sein können, erfahren Sie in Kapitel 5.

7. Machen Sie Ehrlichkeit und Offenheit zu Ihren Stärken!

Kennen Sie Menschen, die immer sagen, was sie denken? »Hilfe, nichts wie weg hier!« ist der Impuls, den das bei mir auslöst. Und kennen Sie Menschen, von denen man nie weiß, woran man ist? Sie halten mit ihrer Meinung hinterm Berg und erfreuen sich am Nebel, in dem sie ihren Gesprächspartner stehen lassen. Auch nicht schön und weit weg vom Optimum eines konstruktiven Miteinanders. Ein konstruktives Miteinander entsteht, wenn Denk- und Sprechblasen der Gesprächspartner eine dem Ziel entsprechend große Schnittmenge aufweisen. Stellen wir uns folgende Situation unter Kollegen vor.

Grafik 3: Sprech- und Denkblase 1

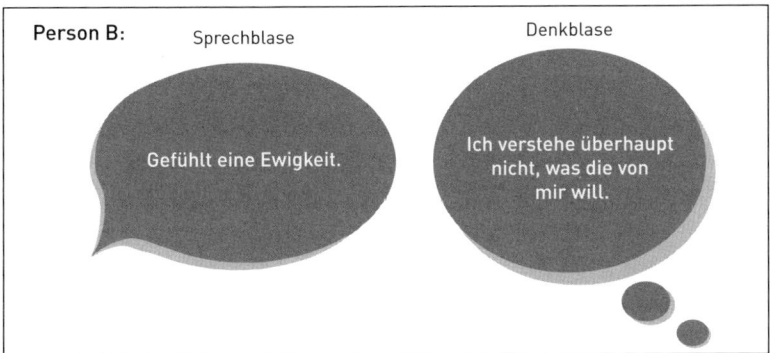

Grafik 4: Sprech- und Denkblase 2

Schön, dass die beiden überhaupt etwas gesagt haben. Blöd, dass sie dabei vergessen haben, miteinander zu reden. Weder bei Person A noch bei Person B drücken die gesprochenen Worte auch nur im Ansatz ihre Gedanken aus. Mit Ehrlichkeit und Offenheit wäre das nicht passiert. Dann hätten die Worte etwa so klingen können:

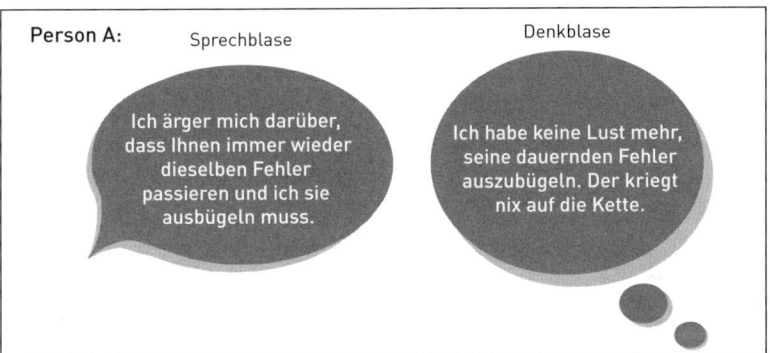

Grafik 5: Sprech- und Denkblase 3

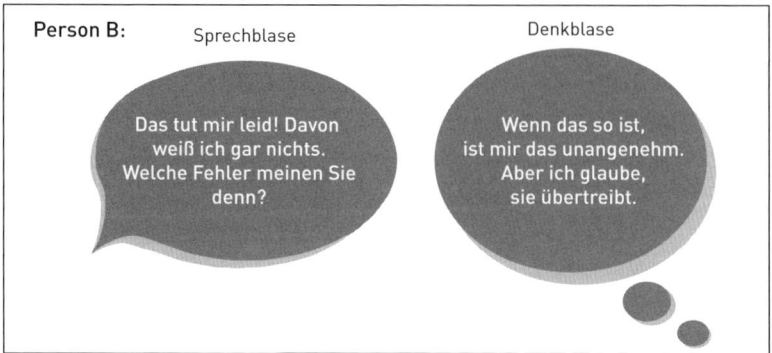

Grafik 6: Sprech- und Denkblase 4

Merken Sie den Unterschied? Beim zweiten Dialog bringen die Beteiligten viel klarer zum Ausdruck, was sie wirklich denken. Nicht zu 100 Prozent, aber zu einem großen Teil. Sowohl A als auch B verfolgen ein Ziel mit dem Gespräch. Kollegin A möchte ganz klar die häufigen Fehler ihres Kollegen kritisieren oder künftig nichts mehr damit zu tun haben. Die Zweifel, die sie an seiner Kompetenz hat, behält sie für sich. Das ist auch gut so, denn das Beurteilen von Leistung ist Aufgabe der Führungskraft und steht Kollegen nicht zu.

Denken und Sprechen in Einklang bringen

Kollege B bringt mit seiner Denkblase zum Ausdruck, dass er sich seiner Fehler weder bewusst ist, noch diese für wahrscheinlich hält. Das fasst er auch in Worte. Er spart sich die Bemerkung, dass seine Kollegin vermutlich übertreibt, um die Gesprächsatmosphäre nicht zu beeinträchtigen. Beide Gesprächspartner passen also ihren Grad an Ehrlichkeit und Offenheit bewusst ihren Zielen an. Das entspricht dem Verhalten eines TOP-Arbeitnehmers. Er überlegt, was sinnvoll zu tun ist, um Zufriedenheit und Erfolg positiv zu beeinflussen. Denn nicht vergessen: *Das* ist der primäre Antrieb des TOP-Arbeitnehmers! Er setzt sich für Zufriedenheit und Erfolg ein, bezogen auf sich und das Unternehmen. Als Undercover-Mitarbeiterin würde A ihren Kollegen gar nicht erst ansprechen, sondern hintenherum über ihn lästern. Sie würde anderen Kollegen von seinen Fehlern erzählen und seine Akzeptanz im Team gefährden.

Zufriedenheit und Erfolg hätte sie damit keinesfalls positiv beeinflusst. Das steht fest. Als Mitläuferin würde A nichts, rein gar nichts tun. Ihr Beitrag zur Verbesserung der Situation wäre gleich null. Sie würde die Fehler von B zur Kenntnis nehmen, sie vielleicht auch hier und da ausbügeln, aber die Sache ansonsten so weiterlaufen lassen. Bloß keine Verantwortung übernehmen und tausend Gründe finden, mit denen sie ihre Passivität mindestens vor sich selbst rechtfertigen kann. »Steht mir ja gar nicht zu, Kritik zu üben, ich bin schließlich nicht der Chef« oder »Ich will ja keinen Krieg mit Kollegen anfangen«. Alles fadenscheinige Ausreden von Feiglingen.

Gott sei Dank heißt einmal Feigling nicht immer Feigling. Mitarbeiter können jederzeit die Entscheidung treffen, sich mit Klarheit und Courage für ihre Zufriedenheit und ihren Erfolg einzusetzen und damit TOP-Arbeitnehmer zu werden. Dabei spielen Ehrlichkeit und Offenheit eine erhebliche Rolle. Die Begriffe werden oft in gleichem Atemzug genannt, unterscheiden sich jedoch durchaus in ihrer Bedeutung. Wenn mich jemand fragt, wie mir sein Vortrag gefallen hat, antworte ich ehrlich. Ehrlichkeit ist demnach eine Reaktion, die die Qualität meiner Aussagen kennzeichnet. Gehe ich von mir aus auf den Vortragsredner zu und biete ihm mein Feedback an, bin ich offen. Die Aktion, der Stimulus, geht also von mir aus. Wer Ehrlichkeit und Offenheit miteinander verbinden möchte, kann sich möglicherweise hinter folgendem Anspruch versammeln: »Alles, was ich sage, muss wahr sein, aber nicht alles, was wahr ist, muss ich sagen.« Anders ausgedrückt: Ich fokussiere meine Gedanken auf ein klares Ziel und bringe den Mut auf, sie zu äußern.

Ehrlichkeit ≠ Offenheit

Feigling oder TOP-Arbeitnehmer? Vor dieser Frage standen auch die Mitarbeiter der Marketingabteilung eines Konzerns. Größtenteils waren sie mit dem Verhalten ihres Vorgesetzten zufrieden. Er war fair in der Leistungsbeurteilung und ließ ihnen viel Freiraum, selbstständig zu arbeiten. Einen Makel hatte er allerdings: Er verstand jeden Verbesserungsvorschlag als persönliche Kritik und blockte alternative Ideen ab. Dadurch hemmte er die Weiterentwicklung des Teams. Das war jedenfalls die Meinung der Mitarbeiter, die bei einer anonymen Vorgesetztenbeurteilung herauskam. Der Abteilungsleiter, Herr A., wollte dieser Kritik nachgehen und verstehen, wie es dazu gekommen war – schließlich hatte er sich selbst in den abgefragten Kriterien völlig anders eingeschätzt. Er hielt sich für absolut kritikfähig und neuen Ideen gegenüber aufgeschlossen. »Wieso widersprechen sich Selbst- und Fremdbild in diesen Punkten?« wollte er zusammen mit seinem Team herausfinden. Doch als er seine Mitarbeiter im wöchentlichen Meeting um Erklärungen bat, erntete er Betroffenheit, gesenkte Blicke und peinliches Schweigen.

Echtes Feedback – offenen Austausch pflegen

Das Team war es schlichtweg nicht gewohnt, offen seine Meinung zu sagen. Als wir im Coaching über die Situation sprachen, wurde dem Abteilungsleiter bewusst, dass er bisher keinen Beitrag dazu geleistet hatte, die Feedbackkultur innerhalb seines Teams, geschweige denn in seine Richtung, zu fördern. Nicht nur, dass seine Mitarbeiter ihm als Chef keine Rückmeldungen gaben, auch er verzichtete auf Feedback im Alltag und verschob es in die klassischen jährlichen Beurteilungsgespräche. Eine Feedbackkultur, die lediglich aus schriftlichen und anonymen Rückmeldungen besteht, ist keine wirkliche Feedbackkultur. Letztere lebt von offenen, persönlich ausgetauschten Rückmeldungen. Sinnvoll ist, sie durch anonymes Feedback zu ergänzen, um auch den Mitarbeitern eine Stimme zu geben, die sich auf der

Tonspur nicht trauen, ihre Meinung zu sagen – noch nicht einmal, wenn sie positiv ist. Überwiegend schriftliche Feedbackinstrumente fördern feiges Verhalten. Undercover-Mitarbeiter und Mitläufer nutzen anonymes Feedback, um mal »so richtig draufzuhauen«. Wenn der Chef im Nachhinein dann aber verstehen möchte, was die Befragung aussagt, läuft er ins Leere – denn niemand will die »kritischen Kreuze« gesetzt haben.

»So eine böse Überraschung wie in der schriftlichen Vorgesetztenbeurteilung möchte ich nicht mehr erleben«, sagte Herr A. fest entschlossen. »Ich will mutige Mitarbeiter, die mir ihre Meinung sagen und sich trauen, kritisch zu sein.« Genau das sagte er seinem Team beim nächsten Meeting. »Ich möchte unseren Umgang in diesem Punkt verbessern und Ihnen versichern, dass mir an Ihrer ehrlichen und offenen Meinung sehr gelegen ist.« Er schlug dem Team vor, die kritischen Punkte der Beurteilung in seiner Abwesenheit durch Beispiele zu belegen und Änderungswünsche zu äußern. Eine gute Idee, die ehrliches Feedback vom gesamten Team und nicht von jedem Einzelnen verlangte.

Mit seinen Worten brachte Herr A. Bewegung in die Mannschaft. Nachdem er den Raum verlassen hatte, ging die Diskussion los. »Also ich nenne keine Beispiele, der weiß ja sofort, von wem die kommen«, sagte Frau C. »Erst führen sie eine anonyme Befragung durch und später soll man dann doch sagen, warum man welche Kreuze wo gesetzt hat. Ich kreuze demnächst gar nichts mehr an«, meckerte Herr N. Feige Aussagen in Reinkultur. Feige Aussagen, die konstruktives Miteinander belasten, weil Denk- und Sprechblasen weit auseinanderklaffen, weil Gedanken nicht ausgesprochen werden. Jedenfalls nicht der Person gegenüber, die sie betreffen. »So kommen wir doch nicht weiter«, warf Frau V. in die Runde. »Wie wäre es denn, wenn wir erst mal sammeln, welche Beispiele wir haben. Wir können ja die weglassen, die eindeutig auf einzelne

Kollegen zurückzuführen sind. Wenn wir uns zum Beispiel auf unsere wöchentlichen Teambesprechungen konzentrieren, die wir alle nicht gut finden, dann treten wir als geschlossene Einheit auf und keiner macht sich angreifbar.«»Sollen wir Herrn A. wirklich sagen, dass seine Meetings für die Tonne sind, weil er ständig überzieht, als Einziger redet, es keine Agenda gibt und wir froh sind, wenn sie vorbei sind?« Die Diskussion ging noch lange hin und her und die Mitarbeiter redeten sich einiges an Frust von der Seele.»Wenn ich das alles so höre, dann sollten wir dringend etwas ändern. Lasst uns doch die Chance ergreifen und einige Punkte sammeln, die wir Herrn A. sagen wollen.« Weiter schweigen und sauer sein oder Kritik ehrlich und offen auf den Punkt bringen? Das war nun die Frage.

Wenn der Knoten platzt

Letztendlich konnte sich das Team auf ein für alle vertretbares Maß an Offenheit und Ehrlichkeit verständigen. Die Kollegen machten gemeinsam eine Liste mit Verbesserungsvorschlägen, die sich tatsächlich im Wesentlichen auf die Teammeetings bezogen. Die Gruppe entschloss sich, die Punkte gemeinsam zu präsentieren, und teilte sich die Inhalte im Gespräch mit Herrn A. auf. Wichtig war jetzt, gewissenhaft und wertschätzend mit den Anregungen der Mitarbeiter umzugehen – das war Herrn A. bewusst. Er stimmte vielen Punkten zu und sie entschieden gemeinsam, die neuen Vereinbarungen schon im nächsten Meeting umzusetzen.

Was hier wie eine kleine Episode daherkommt, hat in diesem Team eine große Veränderung ausgelöst. Alle entschieden gemeinsam, zunächst einen Teil ihrer Kritik zu äußern. Durch ihre Kritik und ihre Anregungen wurden Dinge positiv verändert. Diese Erfahrung gab den Mitarbeitern Mut zu mehr Ehrlichkeit und Offenheit, weil sie diese als Stärke erkannten.

8. Hinterfragen Sie sich!

Dieser Appell soll Sie zu einer regelmäßigen Selbstreflexion einladen und damit die Stärkung eines gesunden Selbstbewusstseins fördern.

Sich seiner selbst bewusst zu sein, ist ein Kennzeichen von TOP-Arbeitnehmern.

TOP-Arbeitnehmer kennen ihre Stärken und Schwächen, ihre Anteile an Konflikten, ihre Einflussmöglichkeiten auf ihre Zufriedenheit und ihren Erfolg. Sie können ihre Leistungsfähigkeit und -bereitschaft einschätzen und übernehmen Verantwortung für ihren beruflichen Werdegang. Damit machen sie sich zum Mitgestalter ihres persönlichen Erfolges und tragen damit gleichzeitig zum Erfolg des Unternehmens bei. Feiglingen hingegen fehlt oft der Mut, sich selbst infrage zu stellen. Es könnte ja sein, dass ihnen dadurch klar wird, selbst etwas zu einer misslichen beruflichen Situation beigetragen zu haben. Noch schlimmer: Sie könnten erkennen, dass sie etwas ändern müssen! Klarheit und Courage sind Fremdwörter sowohl für Mitläufer als auch für Undercover-Mitarbeiter.

Sich infrage zu stellen drückt weder Selbstzweifel noch Misstrauen gegenüber der eigenen Person aus. Es ist vielmehr ein Merkmal persönlicher Stärke, sich immer wieder auf einen strukturierten inneren Dialog einzu-

Ein Zeichen von Stärke – sich hinterfragen

lassen, der Klarheit und Mut verlangt und gleichzeitig fördert. Die Antworten ergeben eine aktuelle Standortbestimmung und schaffen Orientierung für sinnvolle nächste Schritte, die auf Zufriedenheit und Erfolg einzahlen. »Was kann ich tun, um beruflich zufrieden und nach meiner eigenen Definition erfolgreich zu sein?«, fragt sich der TOP-Arbeitnehmer. »Wann macht mich mein Arbeitgeber endlich zufrieden?«, fragt sich der Feigling.

Ein innerer Dialog mit einem festen Ziel lässt sich am besten führen, wenn er einer Struktur folgt. Im Folgenden biete ich eine solche Struktur an, mit der sich TOP-Arbeitnehmer und die, die es werden wollen, konstruktiv hinterfragen können.

Sind Sie ein Leistungsträger?

Beginnen Sie mit der Einschätzung Ihrer Leistung. Im Unterkapitel »Finden Sie Ihren Platz!« bin ich ausführlich auf die drei Dimensionen von Leistung eingegangen. Die Leistungsmöglichkeit lassen wir bei der folgenden Selbsteinschätzung außer Betracht, da sie in der Hauptverantwortung des Arbeitgebers liegt. Im Einflussbereich des Arbeitnehmers liegen Leistungsfähigkeit und -bereitschaft. Stellen Sie sich die folgenden Kernfragen:

- *Leistungsfähigkeit:* »Inwieweit kann bzw. beherrsche ich meinen Job?«
- *Leistungsbereitschaft:* »Wie hoch ist die Motivation für meinen Job?«

Zeichnen Sie sich nun ein Koordinatenkreuz mit beiden Leistungsdimensionen. Die Hochachse beschreibt die Ausprägung der *Fähigkeit*, die Rechtsachse die Ausprägung der *Bereitschaft*. Nun teilen Sie das Achsenkreuz in vier etwa gleich große Felder und überlegen, in welchem Feld Sie sich aktuell positionieren würden.

Mein Leistungsspiegel

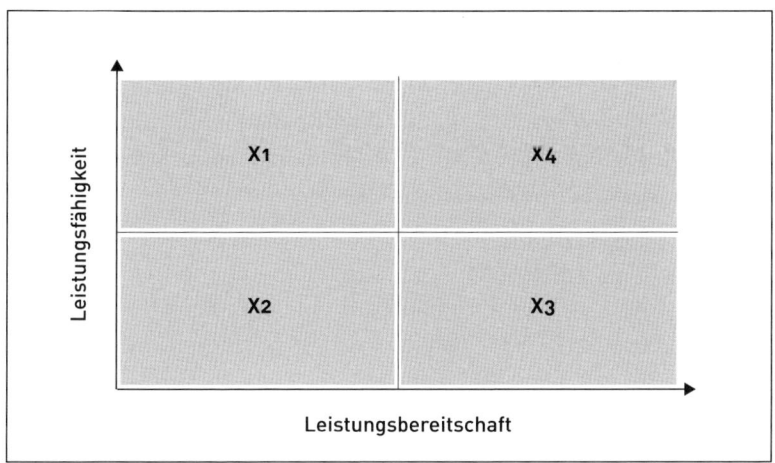

Grafik 7: Leistungsspiegel

Wenn Sie sich positioniert und Ihr Kreuzchen gesetzt haben, folgen Sie den Anregungen, die Sie in den Erläuterungen der einzelnen Felder finden.

Position X1

Wer sich in diesem Feld sieht, hält seine Leistungsfähigkeit für hoch ausgeprägt, die Motivation ist jedoch getrübt. Nun gilt es, die einschränkenden Faktoren zu identifizieren. Was mindert die Freude am Job derzeit? Ist es

Können, ohne zu wollen

ein sachlich-fachlicher Einflussfaktor, wie zum Beispiel der Inhalt der Aufgabe oder der tägliche Anfahrtsweg zur Arbeit? Oder ist es ein zwischenmenschliches Thema, wie etwa ein Konflikt mit einem Kollegen, eine angespannte Arbeitsbeziehung zum Chef? Notieren

Sie, was Ihre Motivation einschränkt, und entwickeln Sie Ideen, mit denen Sie den einschränkenden Einflüssen begegnen können. Ein zwischenmenschliches Problem verlangt mindestens das Ansprechen des Konflikts und das gemeinsame Suchen nach Lösungen. Probleme sachlich-fachlicher Natur haben in der Regel mit der Ausgestaltung des Jobs zu tun und sind daher an den Chef zu richten. Gut ist es, wenn Sie selbst Ideen zur Veränderung beisteuern können. Ist der Weg zur Arbeitsstelle für Sie belastend, nützt es wenig, dem Chef die Anzahl der Kilometer und die Dauer des Anfahrtsweges zu nennen und dann auf eine gute Fee zu warten, die Ihnen die Strecke kürzer zaubert. Sinnvoll ist, ihm mindestens eine Lösung vorzuschlagen. Das könnte beispielsweise ein Homeoffice-Tag oder die Versetzung an einen anderen Einsatzort mit gleicher Funktion sein.

Position X2

Weder können noch wollen

Oje! Wer sich in diesem Feld sieht, fühlt sich unwohl: Die eigenen Fähigkeiten liegen unterhalb der Anforderungen des Jobs, zumindest unterhalb der eigenen Ansprüche. Die Aussage hinter dieser Positionierung lautet: »Ich kann diesen Job nicht und ich will ihn auch nicht.« Notieren Sie, welche Fähigkeiten aus Ihrer Sicht fehlen und was Ihre Leistungsbereitschaft einschränkt. Stellen Sie sich auch die Frage, was wäre, wenn Sie über alle Fähigkeiten verfügen würden, die der Job verlangt? Wären Sie dann motiviert und zufrieden? Falls ja, geht es tatsächlich darum, Möglichkeiten zu finden, wie Sie sich die fehlenden Fähigkeiten aneignen können. Falls Sie jedoch glauben, Ihre Motivation bliebe unverändert, selbst wenn Sie das könnten, was der Job verlangt, sollten Ihre Alarmglocken läuten. Es liegt die Vermutung nahe, dass der Job in wesentlichen Teilen nicht Ihren Vorstellungen entspricht. Wunsch und Wirklichkeit scheinen weit auseinanderzuklaffen. In diesem Fall ist es sinnvoll, über eine berufliche Veränderung nachzudenken und entsprechende Schritte einzuleiten. Dabei helfen Ihnen die weiter unten stehenden Fragen, mit denen Sie Ihre berufliche Landkarte entwickeln können.

Die Position X2 ist diejenige, die man am schnellsten verlassen sollte. Wer sich dort platziert sieht, ist unzufrieden und höchstwahrscheinlich nicht erfolgreich. Es ist das Feld, in dem Menschen häufig innerlich kündigen, wenn sie zu lange darin verweilen. Niemand möchte täglich einen Job machen, den er weder beherrscht noch mag.

Position X3

Ein typisches Feld für Mitarbeiter, die vor Kurzem eine neue Aufgabe übernommen haben. Sie sind oft – und Gott sei Dank – hochmotiviert. Solange sie jedoch noch in der Einarbeitungsphase sind, verfügen sie nicht über

Wollen, ohne zu können

alle notwendigen Kenntnisse und Fähigkeiten. Das ist normal und entspricht dem üblichen Einstieg in einen neuen Job. Weiterführende Fragen ergeben sich für diese Personen an der Stelle nicht. Anders ist das für Mitarbeiter, die sich in diesem Feld sehen und schon länger in diesem Job arbeiten. Sie sollten aufschreiben, welche Fähigkeiten fehlen *und* woran es liegt, dass sie fehlen. Dabei können die Gründe vielfältig sein und von schlichter Faulheit bis hin zu einem mangelnden Angebot an Lernmöglichkeiten reichen, wie zum Beispiel ein fehlender Ansprechpartner, bei dem man nachfragen kann, oder eine ausgebliebene Einarbeitung in eine relevante neue Software. Die Antworten werden Ihnen zeigen, ob die Ursachen der mangelnden Leistungsfähigkeit überwiegend in Ihnen oder an der fehlenden Unterstützung Ihres Arbeitsumfeldes liegen. Sie sollten auf jeden Fall an Ihrer Leistungsfähigkeit arbeiten, sonst ist auf Dauer Ihre Motivation gefährdet und der Weg in die Position X2 programmiert.

Position X4

Können und wollen

Herzlichen Glückwunsch! Sie können *und* Sie wollen! Ihre Selbsteinschätzung lässt davon ausgehen, dass Sie zufrieden und erfolgreich in Ihrem Job unterwegs sind, denn beide Dimensionen sind hoch ausgeprägt und haben somit eine große Schnittmenge. Ihnen scheint es momentan weder an Fähigkeiten noch an Bereitschaft zu mangeln. Sie sollten sich fragen, wie lange Sie diesen Job noch machen möchten. Wenn die Antwort lautet »So lange wie möglich«, gibt es aktuell keinen Handlungsbedarf. Wenn Sie aber die Stirn in Falten legen und sich dabei ertappen, bereits hier und da nach neuen Herausforderungen zu suchen, sollten Sie anfangen, eine berufliche Veränderung zu planen. Für Menschen, die sich gerne Neuem stellen, ist das Feld oben rechts oft nur für eine bestimmte Zeit passend. Wenn Leistungsfähigkeit zur Selbstverständlichkeit wird, verlieren sie unter Umständen das Interesse und die Motivation an ihrem Job. Die Aufgaben werden zur Routine, aus ihr wird schnell Langeweile und Langeweile nährt weder Zufriedenheit, noch spornt sie zum Erfolg an. Wer da nicht rechtzeitig gegensteuert, wandert unmerklich und peu à peu von Position X4 zu X1.

Der Leistungsspiegel eignet sich übrigens auch hervorragend, um eine Fremdeinschätzung Ihres Chefs einzuholen. Fragen Sie ihn doch einmal, in welchem Quadranten er Sie sieht. Das Gespräch kann sehr aufschlussreich sein, wenn Ihr Chef es mit einem konstruktiven Feedback verbindet.

Die Kündigung – (oft) ein Ausdruck von Klarheit und Courage

TOP-Arbeitnehmern empfehle ich, die Selbsteinschätzung einmal jährlich vorzunehmen – nach einem Jobwechsel allerdings schon sechs Monate nach Übernahme der neuen Aufgabe. Unabhängig davon, wie lange Sie bereits einen bestimmten Job ausüben, lässt Sie der Leistungsspiegel frühzeitig erkennen, ob und wo Handlungsbedarf besteht. Die Positionen X1, X2 und X3 fordern direkt zum Handeln auf, Position X4 nur dann, wenn der Wunsch nach beruflicher Veränderung gegeben ist. Doch was macht ein TOP-Arbeitnehmer, der in den ersten drei genannten Feldern ist, aber weder an seiner Leistungsfähigkeit noch an seiner Motivation so viel verändern kann, dass er zufrieden und erfolgreich wird? Der Mitarbeiter aus Feld X1 bekommt nicht die Zusage für einen Homeoffice-Arbeitsplatz, der Mitarbeiter aus Feld X2 erkennt, dass der Job eigentlich überhaupt nicht zu ihm passt, und der Mitarbeiter aus Feld X3 kann seine Wissenslücken einfach nicht schließen, weil die Anforderungen nicht seinen Präferenzen entsprechen. Wer im Leistungsspiegel seines bestehenden Jobs keine positiven Veränderungen bewirken kann, steht vor der Aufgabe, sich ein neues berufliches Feld zu suchen. Damit die neue Aufgabe mit hoher Wahrscheinlichkeit im Feld X3 startet und nach kurzer Zeit in X4 übergehen kann, hilft es, ein möglichst genaues Bild des gewollten Jobs zu skizzieren. Dabei geht es erneut darum, sich selbst infrage zu stellen, zu unterscheiden, wo wir auf dem richtigen Weg sind und an welchen Stellen es einer deutlichen Kurskorrektur bedarf. Es kann zum Beispiel sein, dass jemand in seinem Job absolut demotiviert ist, weil das Umfeld, möglicherweise die Branche, nicht stimmt. So kann der Kundenbetreuer einer Bank sich aktuell im Feld X1 einschätzen. Seine Fähigkeiten sind nach wie vor gut ausgeprägt, aber die massiven Veränderungen in der Bankenwelt verbunden mit dem Imageverlust dieser Branche wecken den Wunsch nach beruflicher Neuorientierung. Und siehe da, als Kundenberater eines Versicherungskonzerns blüht er auf: Die Verbindung von Leistungsfähigkeit und -bereitschaft ist im hohen Maße gegeben, Feld X4 hat er nach kurzer Zeit erreicht.

Wer sich also zum Ziel setzt, einen neuen Job zu suchen, kann aus dem Fundus der folgenden Fragen schöpfen. Es geht dabei nicht darum, auf alle eine Antwort zu finden. Konzentrieren Sie sich auf die, die Sie weiterbringen.

Fragen zur Selbstüberprüfung

◆ Wie würde sich Ihre persönliche Zufriedenheit in den kommenden zwei Jahren entwickeln, wenn Sie Ihren aktuellen Job behalten würden?
Mit dieser Frage stellen Sie Ihre Entscheidung infrage und machen sich bewusst, wie entschlossen Sie tatsächlich sind.

◆ Wann gab es zuletzt eine Phase, in der Sie richtig gerne arbeiten gegangen sind? Was hat diese Phase ausgemacht?

◆ Wie sähe ein Job aus, den Sie ganz nach Ihren Vorstellungen gestalten könnten?
Bleiben Sie realistisch, denn es bringt nichts, einen Job zu skizzieren, der unerreichbar ist. (Nutzen Sie gerne die Hinweise in Kapitel »Machen Sie, was Sie wollen!«, um Ihren idealen Arbeitsplatz zu beschreiben.)

◆ Was ist für Sie persönlich Erfolg?

◆ Was löst bei Ihnen beruflichen Stress aus?

◆ Was brauchen Sie für eine minimale Zufriedenheit in Ihrem Job?

- Welche Konsequenzen sind mit einem Jobwechsel verbunden? Welche Risiken sind Sie bereit einzugehen? Welche Abstriche nehmen Sie dafür in Kauf?

Eine Kündigung ist keine leichte Entscheidung. Daher ist es gut und sinnvoll, dem inneren Prozess die Zeit einzuräumen, die er braucht. TOP-Arbeitnehmer nehmen sich die Zeit und verschließen die Augen nicht vor einem notwendigen Jobwechsel, wenn er auf ihre Zufriedenheit und ihren Erfolg einzahlt.

Für den schnellen Leser

- Klarheit und Courage entstehen im inneren Dialog.
- Verstanden zu werden ist das Minimalziel der Kommunikation.
- Feiges Verhalten verstärkt die eigene Unzufriedenheit.
- Notorisches Jammern gehört primär zum Verhaltensrepertoire eines Feiglings.
- Unzufriedenheit ist die Triebfeder für Veränderung.
- Fragen geben Klarheit eine Chance.
- Unausgesprochene Fragen der Mitarbeiter stellen ein Risiko für Unternehmen dar.
- Mangelnde Klarheit lädt zu Fehlinterpretationen ein und feuert die Gerüchteküche an.
- TOP-Arbeitnehmer machen sich immer wieder ihre maximalen und minimalen Anforderungen an ihren Job bewusst.
- TOP-Arbeitnehmer nutzen Klarheit und Courage als Kompass in unserer Arbeitswelt.

- TOP-Arbeitnehmer sorgen für die größte Schnittmenge zwischen Leistungsfähigkeit, -bereitschaft und -möglichkeit.

- Unsere Arbeitswelt verlangt spezielle Kompetenzen, aus denen TOP-Arbeitnehmer ihre Lernfelder ableiten.

- Falsch verstandene Loyalität kann zur Fessel werden.

- Sinnlose Arbeit verbrennt, nicht die Arbeit aus Leidenschaft.

- TOP-Arbeitnehmer suchen den optimalen Platz zwischen Idealvorstellung und Machbarkeit.

- Die Schnittmenge zwischen Denk- und Sprechblase muss auf das Gesprächsziel fokussiert sein.

- Offenheit ist proaktiv, Ehrlichkeit reaktiv.

- Feedbackprozesse fördern Klarheit und Courage.

- TOP-Arbeitnehmer entwickeln ein Bewusstsein in Bezug auf sich und ihre Mitmenschen.

- Der jährliche Leistungsspiegel bringt Können und Wollen auf den Punkt.

- Gehen oder bleiben? TOP-Arbeitnehmer fragen sich das nicht nur, sie finden auch ihre Antwort und handeln entsprechend.

---

5. Verstehen, was läuft – Werkzeuge für TOP-Arbeitnehmer

Es gibt unzählige Theoriemodelle, die beschreiben und erklären, was in unserer Arbeitswelt und zwischen den Menschen, die in ihr arbeiten, geschieht. Ich mache in meinen Seminaren und Coachings immer wieder die Erfahrung, dass Teilnehmer diese Modelle sehr dankbar aufnehmen, weil sie helfen zu verstehen, was wie und warum so und nicht anders zwischenmenschlich passiert. Wer begreift, was geschieht, erhöht seine Fähigkeit zur Reflexion und seinen Handlungsspielraum. Wer zum Beispiel erkennt, dass Menschen aufgrund ihrer Persönlichkeit sehr unterschiedlich mit Veränderungen umgehen, versteht viel besser, warum der Kollege sich beispielsweise mit seiner Versetzung so schwertut. Wer begreift, dass die Veränderungsgeschwindigkeit im Unternehmen dem rasanten Tempo unserer Arbeitswelt gezollt ist, hört auf, den Vorstand dafür verantwortlich zu machen. Und wem klar ist, dass es besonders konfliktreiche Phasen in Arbeitsteams gibt, die jeder Einzelne beeinflussen kann, hört auf zu jammern und findet Lösungen.

Die Modelle, die ich in diesem Kapitel vorstelle, haben jeweils zwei Dinge gemeinsam: Sie erweitern den Horizont, indem sie helfen zu verstehen, was in Unternehmen passiert, und sie schaffen ein Bewusstsein für die Einflussmöglichkeiten, die jeder Einzelne darin hat. TOP-Arbeitnehmer nutzen die Erkenntnisse aus den Modellen, um Situationen von oben, also aus der Metaebene heraus, zu beurteilen und dann konkrete und praxisnahe Verhaltensalternativen passend zur Situation zu entwickeln. Sie können damit häufig kritischen Entwicklungen frühzeitig entgegenwirken, weil sie in der Lage sind, sie rechtzeitig zu erkennen und ihnen kompetent zu begegnen. Feiglinge, egal ob

Persönlichkeitsanalysen geben Orientierung

Mitläufer oder Undercover-Mitarbeiter, die sich entschieden haben, sich mehr und mehr zum TOP-Arbeitnehmer zu entwickeln, finden in den Modellen sicherlich eine gute Orientierung und Ansätze für bewusstes und verantwortungsvolles Handeln. Hier eine Übersicht der Modelle, die ich in diesem Kapitel beschreibe:

Modell	Inhalt	Nutzen
VUKA-Modell	Einflussfaktoren und Dynamik unserer Arbeitswelt	Macht die Herausforderungen und Chancen unserer Arbeitswelt bewusst
Phasen der Teamentwicklung	Entwicklung der Zusammenarbeit in Arbeitsgruppen	Gibt Aufschluss über die Dynamik in Teams
Ebenen der Kommunikation	Das WAS und das WIE des Miteinanders	Macht deutlich, wie wichtig soziale Kompetenz ist
Persönlichkeitsmodell Myers-Briggs-Typenindikator	Erklärungen für menschliches Verhalten	Hilft dabei, sich und andere besser zu verstehen
Veränderungszyklus	Typische Verläufe von Veränderungsprozessen	Erklärt die unterschiedlichen Emotionen, die Veränderungen bei Menschen auslösen

Das VUKA-Modell

Der Begriff VUKA kommt ursprünglich aus einer amerikanischen Militärhochschule. In den Neunzigerjahren des 20. Jahrhunderts beschrieb man damit die Bedingungen des modernen Krieges, der sich durch den Zusammenbruch des sozialistischen Systems nun völlig anders darstellte. Es gab plötzlich nicht mehr den *einen* Feind und eine eindeutige Front. Es galten die Bedingungen einer asymmetrischen Kriegsführung mit ungleich verteilten Kräften. Das Akronym VUKA kennzeichnet diese neuen Umstände mit vier Begriffen: Volatilität, Unsicherheit, Komplexität und Ambiguität. Der Begriff hat später Einzug in die Wirtschaft und in Organisationen gehalten. Viele sprechen heute von einer VUKA-Welt, denn längst dient das Akronym der Beschreibung unserer aktuellen Arbeits- und Lebenswelt. Niemand, der, in welchem Unternehmen auch immer, arbeitet, kann sich der VUKA-Welt entziehen. Daher ist es von besonderer Bedeutung, ihre Kennzeichen und ihre Dynamik zu begreifen. Denn wer erkennt, was um ihn herum passiert, hat ganz andere Möglichkeiten, Chancen und Herausforderungen zu nutzen. Schauen wir uns die Begriffe im Einzelnen an:

Volatilität

Volatilität drückt das Maß an Veränderungen und Schwankungen in einem zeitlichen Verlauf aus. Den Begriff kennen wir vor allem von der Börse, wo die Charts die Beweglichkeit der Aktie, also ihre Volatilität, anzeigen.

Bewegliche Märkte verlangen bewegliche Unternehmen

Es geht also um die Dynamik und Geschwindigkeit von Veränderungen. Und woran merken Unternehmen, dass sie sich in volatilen Märkten bewegen? Daran, dass der Kunde von heute nicht mehr automatisch der Kunde von morgen ist und auch die Mitbewerber ganz anders und überraschend daherkommen. Besonders deutlich wird das im Bankenbereich: Kunden waren noch nie so wechselbereit. *Einmal Sparkasse* heißt längst nicht mehr *immer Sparkasse*. Der bisher treue Sparkassenkunde mit persönlichem Berater kann morgen schon Kunde einer Online-Bank sein. Und wer hätte gedacht, dass PayPal und Co. immer mehr den Markt des Zahlungsverkehrs erobern? Je mehr Veränderungen sich vollziehen, desto veränderungsbereiter müssen Unternehmen darauf reagieren.

Bleiben wir beim Beispiel Bank: Wenn der Zahlungsverkehr nicht mehr zum Kerngeschäft eines Kreditinstituts gehört, muss sich das Leistungsangebot verändern. Diese Veränderung wirkt sich unter anderem auf die Struktur des Filialnetzes und die Abläufe entsprechender Tätigkeiten aus. Wie viele Bankmitarbeiter können ein Lied von Volatilität singen! Eine Restrukturierung jagt die nächste. Banken wie die Dresdner Bank, deren Wurzeln bis ins Jahr 1872 zurückgingen, verschwinden vom Markt. Landesbanken schließen. TOP-Arbeitnehmer wissen und akzeptieren, dass die Welt *in* einem Unternehmen sich genauso schnell drehen muss wie außerhalb, sonst gefährdet es seine Existenz. Daher entwickeln TOP-Arbeitnehmer eine positive Sicht auf Veränderungen und verstehen sich als konstruktiver Begleiter von Change-Prozessen. Feiglinge nörgeln hingegen an jeder Veränderung herum und tun so, als diene sie ausschließlich dem Ziel, Mitarbeiter zu ärgern. Die Undercover-Mitarbeiter versuchen hintenherum, möglichst viele Kollegen von dieser Sichtweise zu überzeugen. Mitläufer lassen einfach alles über sich ergehen und denken sich ihren Teil. Aber sie denken nichts Gutes, weil sie die Hintergründe nicht verstehen oder nicht verstehen wollen.

Unsicherheit

Noch vor einigen Jahren haben Unternehmen Strategien und Businesspläne für fünf bis zehn Jahre erstellt. Solche Zeiträume lassen sich heute kaum noch planen, da die Lücke der Vorhersagefähigkeit viel zu groß ist und die Wahrscheinlichkeit völlig überraschender Entwicklungen zunimmt. Es wird immer schwieriger, Ereignisse in ihrer Auswirkung einzuschätzen. So hat die Deutsche Bahn niemals damit gerechnet, dass drei Studenten ein Busunternehmen gründen und den Fernverkehr damit ordentlich aufmischen könnten. Heute ist Flixmobility, wie sich das Unternehmen inzwischen nennt, ein ernst zu nehmender Konkurrent der Deutschen Bahn. Viele Fahrgäste genießen die Vorzüge der Busflotte und den unschlagbaren Preis, mit dem sie von A nach B kommen. Verstärkt hat sich das durch Flixtrain im Jahre 2018, denn nun bietet Flixmobility nicht nur den Bus-, sondern auch den Schienenverkehr an.

War das vorhersehbar? Kaum, sonst hätte die Deutsche Bahn sich viel früher auf die Konkurrenz eingestellt. Die fehlende Möglichkeit, Auswirkungen abzuschätzen, führt zu Unsicherheit, nicht nur um Unternehmen herum, sondern auch innerhalb von Unternehmen. VUKA hört in keiner der vier Facetten vor den Firmentoren auf. Alle vier Dimensionen wirken sich auch innerhalb der Unternehmen aus. TOP-Arbeitnehmer erwarten daher nicht mehr das gewohnte Maß an Sicherheit. Sie respektieren, dass Entscheidungen, die heute in Unternehmen gefällt werden, morgen überholt sein können und dann neu und anders getroffen werden müssen. Da kann es sein, dass ein Filialstandort, der im vergangenen Jahr unter Einsatz von viel Geld und Zeit eröffnet wurde, ein Jahr später wieder geschlossen wird – nicht, weil das Management das lustig findet, sondern weil es neue Erkenntnisse und Rahmenbedingungen gibt. Feiglinge betrachten das jedoch nicht aus Sicht des Unternehmens, sondern bleiben in ihrer eigenen Befindlichkeit hängen. »Ich habe doch erst vor einem Jahr in dieser Filiale angefangen, und jetzt soll ich schon wieder woanders hin. Das kann doch nicht wahr sein!« Doch, das ist wahr. Aber es war schlichtweg nicht vorhersehbar. Aus der Unsicherheit der VUKA-Welt entsteht Unsicherheit in Unternehmen, die sich wiederum auf die Mitarbeiter überträgt. Deren Herausforderung besteht darin, Unsicherheit zu akzeptieren und zu begreifen, dass Bestän-

Feiglinge drehen sich um die eigene Achse

digkeit ein Wert ist, der in weiten Teilen jetzt und in Zukunft kaum noch Berechtigung hat.

Komplexität

Alles, was kompliziert ist, lässt sich vereinfachen. Alles, was komplex ist, verliert hingegen seine Existenz, wenn wir versuchen, es zu vereinfachen. Ein Puzzle mit 1500 Teilen ist für viele kompliziert. Wenn wir die Teile jedoch sortieren, indem wir zum Beispiel die Randteile separat legen und den Rest in Anlehnung an das Motivbild nach Farben sortieren, wird das Ganze deutlich einfacher. Das Sortieren wird möglich, weil uns alle Puzzleteile vorliegen und wir uns auf Kausalzusammenhänge verlassen können. »Immer, wenn ein Teil an einer Seite geschlossen ist, gehört es zum Rand. Je nachdem, an welcher Seite es geschlossen ist, gibt das Orientierung über seinen Platz im Gesamtbild.« Das sind Gegebenheiten, auf die wir uns stützen können. Sie führen zu verlässlichen Kausalketten. »Weil dieses Teil einen geschlossenen Rand hat, wissen wir mit Gewissheit, dass es – je nach Drehung – entweder oben links, oben rechts, unten links oder unten rechts in die Ecke des Bildes gehört.« Komplexität bedeutet, wir kennen nicht alle Puzzleteile und das Bild, das sich ergeben soll, verändert sich dauernd.

 **Etwas ist komplex, wenn nicht alle relevanten Einflussfaktoren bekannt sind und deren gegenseitige Abhängigkeit kaum erkennbar ist.**

In einer Welt, die von Globalisierung und Digitalisierung gekennzeichnet ist, ist sozusagen alles mit allem verbunden, die Wechselwirkungen sind dabei kaum vorhersehbar. Entscheidungen, die heute in China oder in Amerika getroffen werden, haben höchstwahrscheinlich Auswirkungen auf die deutsche Wirtschaft. Welche, weiß allerdings niemand so genau. Unternehmen tun gut daran, in Alternativen und in unterschiedliche Richtungen zu denken. Ein Tunnelblick wäre fatal. Beweglichkeit im Denken und Handeln ist eine Kernkompetenz, mit der Komplexität zu begegnen ist. Das gilt auch für Mitarbeiter. TOP-Arbeitnehmer achten darauf, dass sie flexibel einsetzbar bleiben, und bringen Bereitschaft zur Mobilität mit. Denselben Job am selben Ort für lange Zeit auszufüllen – das lässt Komplexität in einer VUKA-Welt nicht zu.

Ambiguität

Ambiguität steht für die Mehrdeutigkeit von Situationen und von Informationen. Oft lassen sich vorliegende Fakten in ihrer Auswirkung und Bedeutung für die Zukunft nicht

Informationen sind mehrdeutig

mehr eindeutig einschätzen. Zusätzlich fehlt es an klaren Ursache-Wirkungs-Zusammenhängen. »Und was heißt das jetzt?«, lautet oft die Frage, mit der Menschen auf mehrdeutige Situationen reagieren. Es gibt derart viele Deutungsmöglichkeiten, dass die abzuleitende Handlung oder Entscheidung oft als Experiment zu verstehen ist, welches teilweise bereits in der Umsetzung eine Kursänderung nötig macht. Ambiguität verlangt das Denken in Alternativen, Risikobereitschaft in Bezug auf Entscheidungen und die Flexibilität bei deren Umsetzung. Die Musik-, Video-, Buch- und Verlagsbranche sieht sich der Situation ausgesetzt, nicht eindeutig sagen zu können, wie Menschen in der Zukunft Informationen aufnehmen werden. Dementsprechend offen ist, mit welchen Geschäftsmodellen dem Kunden von morgen zu begegnen ist. Es gilt, Mehrdeutigkeit auszuhalten und gleichzeitig im Arbeitsmodus zu bleiben.

So kann die Verlagsbranche nicht abwarten, bis sich das Informationsverhalten der Konsumenten deutlicher zeigt. Sie muss vielmehr unterschiedliche Entwicklungsmöglichkeiten berücksichtigen und passende Produkte anbieten. Der TOP-Arbeitnehmer hat eine Bereitschaft zum Ausprobieren entwickelt, weil er weiß, dass Mehrdeutigkeit von Situationen zu einem Facettenreichtum an möglichen Wegen führt. Welcher davon richtig ist, zeigt sich erst in der Umsetzung. Er vertraut darauf, dass die Entscheider im Unternehmen über die erforderlichen Kompetenzen im Umgang mit VUKA verfügen, und bringt im Rahmen seiner Möglichkeiten Fragen und Feedback zum Ausdruck – vor allem dann, wenn er Bedenken in Bezug auf eine Entscheidung entwickelt, denn er versteht sich als Mitgestalter unternehmerischen Erfolgs.

Feiglinge erwarten eindeutige Wege und Entscheidungen und suchen gerne nach dem Schuldigen, wenn sich eine Entscheidung als nicht passend erweist und umgestoßen wird. »Die da oben haben doch keine Ahnung«, hört man den Undercover-Mitarbeiter hinter vorgehaltener Hand sagen. Und die Mitläufer denken es. TOP-Arbeitnehmer akzeptieren die VUKA-Arbeitswelt, sie nehmen sie als Herausforderung und erkennen gleichzeitig ihre Chancen.

Die größte Herausforderung besteht für viele darin, sich voll und ganz auf die VUKA-Welt einzulassen – trotz möglicherweise genau entgegengesetzter Bedürfnisse. Wer will nicht lieber in einem beständigen, sicheren, eher einfachen und eindeutigen Umfeld arbeiten? Das geht aber nicht, zumindest nur mit Abstrichen. Und wo liegen die Chancen? Sie liegen vor allem im eigenen Verantwortungsbereich, denn VUKA ist das, was jeder für sich daraus macht. Wem es heute zum Beispiel bei seinem Arbeitgeber nicht mehr gefällt, der sucht sich einen anderen Job. Er muss nicht darauf achten, mehrere Jahre bei einer Firma zu bleiben, weil alles andere einen unschönen Knick im Lebenslauf verursachen würde.

Wer gerne Verantwortung übernimmt, freut sich über flache Hierarchien und kurze Entscheidungswege. Und last, not least ist ein Job im Ausland, der früher eine Besonderheit und dessen Umsetzung ein Kraftakt war, in der VUKA-Welt zur Normalität geworden.

Die Phasen der Teamentwicklung

Das Arbeiten in Teams ist aus Unternehmen nicht wegzudenken. Und das ist gut so, denn die Synergie, die durch eine konstruktive Zusammenarbeit entsteht, ermöglicht ein Leistungsergebnis, das jedes Teammitglied für sich allein niemals erreichen könnte. Voraussetzung ist, dass sich das Team als solches begreift und in der Lage ist, sich in einen produktiven Arbeitsmodus zu versetzen. Das ist oft gar nicht so einfach, denn wenn Menschen mit ihren unterschiedlichen Persönlichkeiten, ihren individuellen Stärken, Schwächen und Erfahrungen zusammentreffen, knirscht es manchmal im Gebälk.

Das Phasenmodell von B. Tuckman

Der US-amerikanische Psychologe Bruce Tuckman hat sich intensiv mit der Dynamik in Teams beschäftigt und 1965 das Phasenmodell der Teamentwicklung ausgearbeitet. Er beschreibt vier Phasen, die eine Gruppe auf dem Weg zum Team durchläuft. Tuckman stellt die Phasen in einer Uhr von null bis zwölf Uhr dar. Ich verzichte bewusst auf das Bild der Uhr, da sie aus meiner Sicht eine zwangsläufige, automatische Vorwärtsbewegung suggeriert. In der Realität vollziehen sich die Entwicklungen in Teams jedoch nicht automatisch nur vorwärtsgerichtet. Manche Teams bleiben in Phase 2 oder 3 stecken oder fallen von der dritten in die erste oder zweite Phase zurück. Wie lange ein Team in den jeweiligen Phasen ist, hängt maßgeblich von der Führungskompetenz des Gruppenleiters, aber auch von der sozialen Kompetenz seiner Mitglieder ab. Das bedeutet, dass das Team und jeder Einzelne Einfluss auf die Entwicklung der Gruppe hat.

Gruppe ist nicht gleich Team

Bevor ich die Phasen beschreibe, möchte ich die Begriffe Gruppe und Team voneinander abgrenzen: Eine Gruppe ist eine Ansammlung von Menschen, die keine wirkliche Verbindung zueinander haben. Ein Team ist eine spezielle Art von Gruppe, auf die im Wesentlichen folgende Merkmale zutreffen:

- Ein Team verfolgt gemeinsame Ziele.
- Ein Team ist als Arbeitsgruppe (Projektgruppe, Abteilung) formal definiert.
- Ein Team ist hierarchieübergreifend aufgestellt, es gibt einen Leiter.
- Jedes Teammitglied leistet einen Beitrag zur Erreichung der Ziele.
- Jedes Mitglied übernimmt eine Teilverantwortung für die Ziele und die Arbeitsfähigkeit des Teams.
- Die Mitglieder verbindet ein Zusammengehörigkeitsgefühl, eine Art Teamspirit.

Ob aus einer Gruppe ein Team wird, entscheidet sich am Ende der Phase zwei. Doch schauen wir uns die einzelnen Phasen in Anlehnung an das Modell von Tuckman einmal genauer an.

Phase 1: Forming	Phase 2: Storming
– Orientierung – Höflich distanziertes Kennen-lernen	– Gärung – Erste Konflikte spürbar – Team liegt unterhalb des möglichen Leistungsniveaus
Phase 3: Norming	**Phase 4: Performing**
– Klären der Konflikte – Steigende Produktivität – Aufbau eines Wir-Gefühls	– Hochleistungsteams – Hohe Selbststeuerung des Teams – Ausgeprägte Zufriedenheit

Phase 1: Forming

Diese Phase wird auch als Orientierungsphase bezeichnet. Das passt, weil sich die Mitglieder in dieser Phase häufig erst kennenlernen und somit innerhalb der Gruppe orientieren. Kennzeichen dieser Phase sind:

◆ Der Umgang ist freundlich distanziert.
◆ Es herrscht eine gespannte Erwartungshaltung.
◆ Die Teilnehmer suchen nach der eigenen Rolle. (Was denken die anderen von mir? Mit wem werde ich mich hier vermutlich besonders gut / schlecht verstehen? Wie ist der Leiter?)

In dieser Phase ist die Gruppe stark vom Leiter abhängig. Er sollte derjenige sein, der den Mitgliedern Sicherheit gibt und dem Bedürfnis nach Orientierung entspricht. Wenn sich die Projektgruppe beispielsweise zum ersten Mal trifft, kann er die Moderation der Vorstellungsrunde übernehmen, Informationen zur Häufigkeit und zum Ablauf der Treffen geben sowie die Regeln für die Zusammenarbeit der Projektmitglieder

Teams brauchen Orientierung

definieren. Ein kompetenter und verantwortungsbewusster Leiter tut in dieser Phase viel dafür, ein erstes Gefühl von Zusammengehörigkeit zu fördern. Typisches Verhalten von TOP-Arbeitnehmern oder Feiglingen lässt sich hier (noch) nicht eindeutig erkennen und unterscheiden. Alle sind gespannt auf die künftige Zusammenarbeit, was sie allerdings daraus machen, hängt stark davon ab, ob sie Mitgestalter, Mitläufer oder Undercover-Mitarbeiter sind.

Phase 2: Storming

In dieser Phase fängt es an zu brodeln. Unterschiedliche Arbeits- und Sichtweisen, unerfüllte Erwartungen und gegensätzliche Interessen führen zu Reibereien. Sie lenken von den Zielen und eigentlichen Aufgaben ab. Diskussionen ufern aus, ohne zu einem Ergebnis zu führen, und überwiegend negative Gefühle prägen die Stimmung. Kennzeichen dieser Phase sind:

◆ Es kommt zu Cliquenbildung.
◆ Die Teilnehmer reden mehr übereinander als miteinander.
◆ Die Gruppe kommt nur mühsam vorwärts.
◆ Der Einzelne arbeitet lieber und besser allein als mit anderen.
◆ Die Gruppe bleibt deutlich unterhalb ihres Leistungspotenzials.
◆ Es herrscht zunehmende Unzufriedenheit.

Die Gruppe steckt fest

In einer Projektgruppe kann sich diese Phase zum Beispiel darin ausdrücken, dass es Streit um Termine, Dokumentationen, Antwortzeiten auf E-Mails usw. gibt. Eigentlich alles Kleinigkeiten, die Erwachsene kurzerhand klären könnten. Da es jedoch in dieser Phase um Befindlichkeiten und Beziehungen der Mitglieder geht, werden die banalsten Sachthemen zum Stolperstein. Je weniger es einer Gruppe gelingt, fachliche und sachliche Herausforderungen zu managen, desto höher ist die Wahrscheinlichkeit, dass sie tief in Phase 2 stecken bleibt. Der Leiter einer Gruppe tut gut daran, bereits erste Anzeichen dieser Phase für einen Klärungsprozess zu nutzen. Dies geschieht am besten in eigens dafür anberaumten Besprechungen, die ausschließlich dem Ziel dienen, die Teamentwicklung positiv voranzutreiben.

Im Anfangsstadium der Phase 2 kann die Moderation eines derartigen Workshops durchaus beim Leiter der Gruppe liegen. Je länger sie jedoch in dieser Phase hängen bleibt, desto verkanteter sind häufig die Gemüter. Dann bedarf es der Moderation eines professionellen Trainers, der sich gut in Prozessen der Teamentwicklung auskennt. Um den Schwung von Phase 2 in Phase 3 zu bekommen, ist es notwendig, dass jedes Gruppenmitglied seiner Unzufriedenheit Ausdruck verleiht. Erst wenn die Dinge auf den Tisch kommen, besteht die Chance, sie zu bearbeiten. Und genau das geschieht in Phase 3. Eine Gruppe, die nicht bereit ist, ihre Probleme und Schwierigkeiten, die im Miteinander aufgetreten sind, zu benennen, bleibt in Phase 2 hängen. Die Probleme verschwinden nicht über Nacht und selten von allein. Sie verstärken sich eher, wenn sie ungelöst bleiben. Und was heißt das für die Gruppenmitglieder? Nichts Gutes, denn sie werden immer unzufriedener und ihre Leistung verschlechtert sich. Wie schon oft in diesem Buch erwähnt:

 Zufriedenheit ist der Motor für Erfolg. Wer langfristig unzufrieden ist, wird in der Zeit kein TOP-Arbeitnehmer sein.

Anzeichen für massive Unzufriedenheit sind zum Beispiel häufige Krankheitstage und eine zunehmende Fluktuation. In einer Gruppe, die in Phase 2 festhängt, möchte auf Dauer niemand arbeiten. TOP-Arbeitnehmer leisten als Gruppenmitglieder einen enormen

TOP-Arbeitnehmer sind Motoren der Teamentwicklung

Beitrag, um den Weg von Phase 2 in 3 zu unterstützen. Sie bringen die Störfaktoren deutlich auf den Punkt und ermutigen ihre Kollegen, das Gleiche zu tun. Sie streben nach Klarheit und bringen den Mut auf, selbst klar zu sein. Sie sind sozusagen die Motoren der Teamentwicklung. Die Feiglinge erweisen sich jedoch als Bremser des Prozesses, denn Klarheit und Courage sind nichts für sie. Die Probleme beim Schopfe packen? »Oh nein«, denkt der Feigling. »Da brodeln wir doch lieber weiter in Phase 2, bevor *ich* hier etwas sage. Und genau genommen ist das alles gar nicht so schlimm. Ich heule zwar jeden Tag, wenn ich zur Arbeit muss, aber daran habe ich mich mittlerweile gewöhnt. Und wenn es mal ganz schlimm ist, renne ich zu den Kollegen der Nachbarabteilung und kotze mich da aus. Das hilft zwar den anderen nicht, aber mir tut's gut.« Je mehr Feiglinge im Team sind, desto geringer die Chance auf Klärung und desto weiter ist der Weg in Phase 3.

Phase 3: Norming

Jetzt hat die Gruppe die Chance, zum Team zu werden. Die Probleme sind benannt und werden in Angriff genommen. Das Bearbeiten der Konflikte wird zwar oft als anstrengend empfunden, aber der Umgang der Beteiligten ist dabei wertschätzend und die Haltung lösungsorientiert. In dieser Phase ist Aufatmen angesagt. Die Mitglieder spüren ein Wir-Gefühl und haben mehr und mehr den Kopf frei für ihre Kernaufgaben. Kennzeichen dieser Phase sind:

◆ Konflikte werden geklärt.
◆ Neue Umgangsformen, Regeln und Verhaltensweisen (zum Beispiel regelmäßiges Feedback) werden vereinbart.
◆ Das Team erzeugt Synergien.

- Die Produktivität steigt.
- Die Zufriedenheit nimmt zu.

In dieser Phase verändert sich auch die Rolle des Leiters. Er ist nun weniger als Beziehungsmanager und Problemlöser gefragt, sondern mehr als Leader und Manager, der sein Team zu optimaler Leistung führt. Auch er kann

Phase 3 bietet Wachstumschance

sich in dieser Phase deutlicher auf die Kernaufgaben und die Ziele fokussieren und seinen Beitrag zu deren Erreichen leisten. Phase 3 ist nicht nur eine kollektive Wachstumschance für Teams, sondern auch eine ganz persönliche für jedes Teammitglied. Sich selbst aus einem Engpass herausgeführt zu haben, stärkt das Selbstbewusstsein und macht zufrieden.

Diese Zufriedenheit drücken vor allem TOP-Arbeitnehmer aus, denn sie haben durch ihre Klarheit, ihre Courage und ihr Verantwortungsbewusstsein einen erheblichen Beitrag zur Entwicklung des Teams geleistet. Sie freuen sich darüber, dass Leistung wieder Spaß macht, fühlen sich durch das Meistern der überwundenen Schwierigkeiten gestärkt und haben durch Erfahrung dazugelernt. Für Feiglinge steckt eine besonders große Wachstumschance in dem Prozess. Wenn sie nämlich erleben, dass das Ansprechen und Klären von Problemen eine positive Wirkung haben, wird ihnen häufig bewusst, welche Chancen Klarheit und Courage für die eigene Zufriedenheit und für das gesamte Team bieten. Die Mitläufer, die sich gerne komplett bedeckt halten und die die »Mein-Name-ist-Hase-Strategie« verfolgen, erkennen plötzlich, dass es sich tatsächlich lohnt, Dinge anzusprechen, die in einem Team nicht rundlaufen. Ich habe schon öfter erlebt, dass Mitläufer sich während einer Teamentwicklung entschieden haben, TOP-Arbeitnehmer zu werden. Das formuliert natürlich niemand. Man merkt es am Verhalten. Nach und nach bringt sich der Mitläufer in den Prozess ein, benennt ebenfalls die Punkte, die ihn stören. Das sind deutliche Schritte auf dem Weg zum TOP-Arbeitnehmer. Dafür gibt es keinen Applaus, aber oft Anerkennung der anderen Teammitglieder. Die spüren nämlich, wer sich konstruktiv einbringt, um dem Team zu helfen, und wer das nicht tut. Da müssen Undercover-Mitarbeiter eher aufpassen. Sie merken oft erst spät oder gar nicht, dass sie sich selbst weiterentwickeln müssen, weil sich das Team weiterentwickelt hat. Wenn sie also Undercover-Mitarbeiter bleiben, indem sie hinter dem Rücken der anderen reden, nörgeln und schlechte Stimmung verbreiten, laufen sie Gefahr, zum Außenseiter zu werden. Denn ein Team, das um Phase 3 ringen musste, akzeptiert diese Verhaltensweisen nicht mehr.

Phase 4: Performing

Jeder hat seinen Platz

Diese Phase ist ein Geschenk des Himmels. Ich behaupte, dass bei Weitem nicht alle Teams sie erreichen. Die meisten verharren in Phase 3 und erbringen eine Leistung, die zwar gut, aber unterhalb ihrer Möglichkeiten liegt. In Phase 4 haben alle Teammitglieder ihren Platz gefunden. Leistungsfähigkeit und Motivation sind stark ausgeprägt, dementsprechend hoch ist das Leistungsniveau des gesamten Teams. Es gibt keine Nebenkriegsschauplätze zwischenmenschlicher Art, die Energie geht demnach fast vollständig in die Kernaufgaben. Das Team besteht ausschließlich aus TOP-Arbeitnehmern. Kennzeichen dieser Phase sind:

- ◆ Das Team ist auf das gemeinsame Ziel fokussiert.
- ◆ Jeder leistet seinen Beitrag zum Erfolg.
- ◆ Besondere Herausforderungen und Schwierigkeiten werden gemeinsam gemeistert.

- Die Teammitglieder sind stolz auf die Teamleistung.
- Sie arbeiten gerne mit ihren Kollegen zusammen.
- Die Teammitglieder sind stolz darauf, in genau diesem Team einen Beitrag zu leisten.

Der Leiter des Teams ist in dieser Phase primär auf inhaltliche und strategische Themen fokussiert, da sich die Gruppe operativ weitgehend autonom steuert. Ein wesentliches To-do Richtung Teamentwicklung bleibt jedoch: die Stärkung der Mannschaft im Umgang mit VUKA. Das ist eine der größten Aufgaben von Führungskräften in der heutigen Zeit. Ein Team, das in Phase 4 ist und noch Schwierigkeiten hat, mit den Auswirkungen der VUKA-Welt umzugehen, hat dort ein Entwicklungsfeld. Denn jede Veränderung wirft ein Team in seiner Entwicklung zurück. Der Weg von Phase 1 bis 3 kann Monate dauern, bis zur Phase 4 dauert es noch länger. Aber von 4 zurück in 1 oder 2 geht es an einem einzigen Tag. Das wissen auch TOP-Arbeitnehmer. Ihnen ist klar, dass keine der Phasen in Stein gemeißelt ist. Ihnen ist bewusst, dass jede Veränderung, die sich auf das Team auswirkt, Einfluss auf die jeweiligen Phasen haben kann. Folgende Veränderungen lösen mit hoher Wahrscheinlichkeit ein Rückfahrticket in eine niedrigere Teamphase aus:

- Neuer Chef (Besetzung von außen)
- Kollege wird zum neuen Vorgesetzten (Besetzung von innen)
- Personalwechsel (Zu- und Abgänge)
- Veränderung der Zuständigkeiten
- Umstellen der Arbeitsabläufe
- Restrukturierung mit inhaltlichen Auswirkungen

Gefahren für die Teamentwicklung

Der TOP-Arbeitnehmer stellt sich den Veränderungen. Er nutzt die acht Prinzipien für Klarheit und Courage, wenn es notwendig und sinnvoll ist, und leistet damit einen Beitrag zum Erfolg des Teams.

Feiglinge hingegen, die in einem Team sind, das durch eine der oben genannten Veränderungen in Phase 1 oder 2 zurückfällt, schauen als Mitläufer zu, was passiert, und schlimmstenfalls, wie das Drama seinen Lauf nimmt. Oder sie spielen als Undercover-Mitarbeiter die Schlauen – aber leider nur hinter den Kulissen und damit destruktiv.

Die Ebenen der Kommunikation

Wir erleben es von Kindesbeinen an, und es hört nie auf: Die Beziehung, die wir zu einem Menschen haben, beeinflusst unser Miteinander in erheblicher Weise. Das spüren Schüler in Verbindung mit ihren Lehrern und Mitschülern, Studenten mit ihren Professoren, Mitarbeiter mit Kollegen und Chefs. Der schlauste Lehrer wird sein Wissen nur so gut vermitteln können, wie seine Schüler ihn emotional akzeptieren und schätzen. Die fittesten Mitarbeiter werden nur so gut zusammenarbeiten, wie ihre Arbeitsbeziehungen es zulassen. Die Phasen der Teamentwicklung haben die Relevanz gruppendynamischer Prozesse hinreichend beschrieben, die letztlich stark durch die Beziehung der Beteiligten zueinander geprägt sind. Das Zwischenmenschliche spielt eine entscheidende Rolle für Zufriedenheit und Erfolg am Arbeitsplatz. Nach Paul Watzlawick, einem 2007 verstorbenen österreichisch-amerikanischen Kommunikationswissenschaftler, hat Kommunikation stets einen Inhalts- und einen Beziehungsaspekt, wobei letzterer den ersteren massiv beeinflusst.

Stellen Sie sich folgende Situation vor: Zwei Kolleginnen teilen sich ein Büro. Frau M. trifft morgens an ihrem Arbeitsplatz ein, ihre Kollegin ist schon da. »Hallo, Frau K.«, begrüßt sie sie und fügt direkt hinzu: »Meine Güte, hier riecht es aber ziemlich stark nach Parfüm.«

Ist das Ihres?« Während sie die Frage ausspricht, öffnet sie bereits das Fenster, um frische Luft hineinzulassen. Wie im wirklichen Leben hat Frau K. nun einen Facettenreichtum an Reaktionsmöglichkeiten. Folgende sind denkbar:

- »Ja, das wird wohl meins sein. Ich habe es neu und vor lauter Begeisterung vermutlich zu viel aufgetragen.«
- »Stellen Sie sich mal nicht so an. So schlimm wird's wohl nicht sein.«
- »Da Sie morgens später kommen und nachmittags früher gehen, ist es ja bestimmt nicht so wichtig für Sie, wie es hier riecht.«
- »Ich versuche mit meinem Parfüm Ihren Schweißgeruch zu übertreffen.«
- »Oh, wie peinlich. Danke für den Hinweis, ich bin da künftig aufmerksamer.«

Die Reaktion von Frau K. hängt neben ihrer persönlichen Verfassung maßgeblich davon ab, welche Beziehung sie zu Frau M. hat. Wenn die beiden sich grundsätzlich gut verstehen, wird ihre Antwort vermutlich der

Es kommt darauf an, *wer* uns etwas sagt

ersten oder letzten der aufgeführten Möglichkeiten nahekommen. Wenn zwischen den Kolleginnen jedoch auch zwischenmenschlich eher dicke Luft herrscht, wird die Reaktion von Frau M. wohl weniger wohlwollend ausfallen. Jeder kennt das: Je nachdem, *wer* uns etwas sagt, reagieren wir so oder anders. Es kommt also weniger auf den Inhalt als auf die Beziehung zweier Gesprächspartner an. Anders ausgedrückt: Dieselben Worte können völlig andere Reaktionen auslösen – je nachdem, wie die Beteiligten zueinander stehen. Obwohl viele Menschen das wissen und der Aussage zustimmen würden, vernachlässigen sie diesen wesentlichen Aspekt der Kommunikation immer wieder. Da wird kräftig auf der Sach- beziehungsweise Inhaltsebene gestritten, obwohl es eigentlich um die Beziehungsebene geht.

Beziehung schlägt Inhalt

Friedemann Schulz von Thun, deutscher Psychologe und Kommunikationswissenschaftler, sagt, dass das Gelingen von Kommunikationsprozessen zu rund 80 Prozent von der Beziehungs- und zu 20 Prozent von der Inhaltsebene beeinflusst wird. Das bedeutet nicht, dass es nahezu egal ist, welchen Inhalt jemand von sich gibt. Er tut aber gut daran, zu berücksichtigen, dass die Wirkung seiner Worte wesentlich davon abhängt, wie seine Beziehung zum Empfänger ist. Dies zu verinnerlichen ist ein Schlüssel für das konstruktive Miteinander von Menschen – ob privat oder am Arbeitsplatz. TOP-Arbeitnehmer verstehen sich in ihrer Rolle als Mitgestalter von Erfolg ganz klar auch als Beziehungsgestalter. Die Fähigkeit, zwischenmenschliche Beziehungen positiv zu fördern, nennen wir soziale Kompetenz. Je besser es uns gelingt, zu den unterschiedlichsten Menschen in den unterschiedlichsten Situationen eine stimmige Beziehung aufzubauen und zu erhalten, desto höher ist die soziale Kompetenz der Beteiligten.

Im 4. Prinzip »Finden Sie Ihren Platz!« beschreibe ich, wie wichtig es heute ist, Networking zu betreiben. Dabei geht es um nichts anderes, als Beziehungen aufzubauen und zu pflegen. Wir sind also nicht nur unseren unmittelbaren Kollegen gegenüber Beziehungsgestalter, sondern auch für all jene, mit denen wir eine (berufliche) Verbindung eingehen. Dazu gehören Vorgesetzte, Kollegen aus anderen Abteilungen genauso wie unsere XING- oder Linked-In-Kontakte. TOP-Arbeitnehmer nehmen die Menschen in ihrem beruflichen Umfeld ernst, werten Andersartigkeit weder auf noch ab, sondern begegnen Kollegen mit Wertschätzung und Respekt. Wenn es im Gebälk knirscht und Meinungsverschiedenheiten die

Zusammenarbeit belasten, klären sie frühzeitig, ob die Ursachen im Inhalt oder ganz woanders, nämlich im zwischenmenschlichen Bereich liegen. Falls Frau K. also ahnt, dass ihre Kollegin schon seit einiger Zeit ein Problem mit ihr hat, könnte sie die morgendliche Bemerkung zum Anlass nehmen, das zu erfragen. »Ich merke, wie verärgert Sie sind. Liegt es ausschließlich an meinem Parfüm oder sollten wir beide etwas Grundsätzliches miteinander besprechen?« Jetzt kommt es natürlich auf die ehrliche Reaktion von Frau M. an. Wichtig ist jedoch, dass Frau K. das Angebot macht, mehr zu klären als die Dosierung ihres Parfüms – falls es mehr zu klären gibt.

Feiglingen fällt es schwer, sich einer Auseinandersetzung im zwischenmenschlichen Bereich zu stellen. Die Beziehungsebene anzusprechen erfordert schließlich Mut und Klarheit. Beides sind Werte, die im Repertoire

Den eigenen Anteil an Störungen hinterfragen

eines Feiglings leider unterentwickelt sind. TOP Arbeitnehmer und solche, die es werden wollen, investieren bewusst Energie in die Gestaltung von Beziehungen zu Menschen aus ihrem beruflichen Umfeld. Bei Störungen und Konflikten hinterfragen sie ihre eigenen Anteile am Problem und scheuen sich nicht, Tacheles zu reden: klar, couragiert, wertschätzend und lösungsorientiert. Dabei nutzen sie ihre Fähigkeit zur Reflexion und ihren Werkzeugkoffer an Methoden und Theorien, die ihnen helfen zu verstehen, was läuft.

Der MBTI® als Persönlichkeitsmodell

TOP-Arbeitnehmer sollen sich nicht als Hobbypsychologen verstehen. Das ist nicht die Botschaft dieses Kapitels. Es geht darum, Werkzeuge im Gepäck zu haben, die helfen zu verstehen, wie man selbst tickt, und zu begreifen, dass andere anders ticken, ohne dass sie dabei bessere oder schlechtere Menschen sind. Persönlichkeitsmodelle können solche Werkzeuge sein. Sie sind als Theorie zu verstehen, die zum Ziel hat, charakteristische Merkmale von Menschen zu beschreiben. Dabei handelt es sich um Merkmale, die sich im Denken, Handeln und Fühlen ausdrücken.

Ein ganzer Strauß an Persönlichkeitsanalysen

Das Sortiment unterschiedlicher Theorien und Anbieter von Persönlichkeitsanalysen ist groß: DISG®, Insights Discovery®, Big Five, GPOP, die Lifo®-Methode, das Reiss Motivation Profile®, Riemann-Thomann, MBTI® – um nur einen kleinen Auszug zu nennen (einen ausführlichen Überblick über die gängigsten Persönlichkeitsmodelle finden Sie im »Handbuch der Persönlichkeitsanalysen – Die führenden Tools im Überblick«, GABAL Verlag). Welche Theorie jemand heranzieht, um die eigene Persönlichkeit zu beleuchten, mag jeder für sich entscheiden. Wichtig und hilfreich ist, sich überhaupt einer fundierten Analyse zu bedienen, um das eigene Denken, Handeln und Fühlen besser verstehen zu können. Eine Idee von sich selbst zu bekommen ermöglicht uns, typische Muster zu erkennen und zu erklären. Man versteht endlich, warum man in bestimmten Situationen immer wieder auf eine bestimmte Weise handelt, obwohl Verhaltensalternativen gelegentlich sinnvoll wären. Zudem wird uns klar, wie unsere Mitmenschen ticken und warum auch sie sich verhalten, wie sie sich verhalten. Das Selbst- und Fremdbild bekommt durch Persönlichkeitsmodelle eine klarere Kontur, eine Art Logik. Diese Logik und das Wissen um unterschiedliche Persönlichkeitstypen helfen dabei, sich selbst gezielter zu führen, andere Menschen besser zu verstehen und Beziehungen konfliktfreier zu gestalten.

In meinen Seminaren und Coachings setze ich häufig den MBTI® ein. Die zugrunde liegende Theorie ist leicht verständlich und hat schon vielen Teilnehmern Aha-Momente beschert. Sie finden in diesem Kapitel Informationen zum MBTI®, die Sie bei Interesse mithilfe von Büchern zum Thema noch detaillierter vertiefen können (zum Beispiel »30 Minuten Selbst-Bewusstsein – mit dem Myers-Briggs-Typenindikator® (MBTI®), GABAL Verlag). Ich möchte hier lediglich Basiswissen vermitteln und Ihnen vor allem den großen Nutzen von Persönlichkeitsanalysen nahelegen.

Verhalten ist »typisch«

Widmen wir uns nun exemplarisch dem MBTI®. Die vier Buchstaben stehen für **M**yers-**B**riggs-**T**ypen**i**ndikator. Katherine Cook Briggs und ihre Tochter Isabel Myers griffen die Typologielehre von Carl Gustav Jung auf und entwickelten daraus die Theorie des MBTI®. Sie basiert auf vier Dimensionen oder Verhaltenspräferenzen des Menschen, also den Vorlieben, die er in seinem Denken, Fühlen und Handeln hat: Wie nimmt er Informationen bevorzugt wahr? Wie sammelt er sie? Wie zieht er daraus seine Schlussfolgerungen und trifft schließlich seine Entscheidungen? Interessierte können auf Basis einer Selbsteinschätzung ein Profil erstellen lassen, das mit einem lizenzierten MBTI®-Coach besprochen wird. Meiner Meinung nach ist das nicht zwingend notwendig. Bereits die Auseinandersetzung mit der eigenen Persönlichkeit mithilfe der Typenbeschreibungen trägt dazu bei, sich selbst und auch andere besser zu verstehen. Wer die Theorie des MBTI® begriffen hat, findet im Alltag genug Situationen, die Rückschlüsse auf die eigenen Präferenzen zulassen. Ich spreche übrigens bewusst von Selbsteinschätzung und nicht von Test. Bei einem Test geht es um Fähigkeiten, um Bestehen oder Durchfallen. Der MBTI® ist eine Selbsteinschätzung, die nichts, aber auch gar nichts mit einer Prüfungssituation zu tun hat. So, wie Sie sind, sind Sie gut. Und jemand, der ein ganz anderer Persönlichkeitstyp ist als Sie, ist ebenfalls gut. Es gibt nämlich keine schlechten Persönlichkeitstypen. Schlecht ist lediglich, den eigenen Typ weder zu kennen noch zu verstehen und ungesteuert und völlig unreflektiert zu denken, zu handeln und zu fühlen. Wie gesagt: Das Modell muss nicht der MBTI® sein. Aber nutzen Sie irgendein Persönlichkeitsmodell und machen Sie es zum Teil Ihres Werkzeugkoffers als TOP-Arbeitnehmer.

Verhaltenspräferenz – die persönliche Komfortzone

Erkennen Sie Ihre Vorlieben

Zur Einstimmung auf die Theorie des MBTI® lade ich Sie zu einer kleinen Übung ein. Nehmen Sie bitte ein Blatt Papier und einen Stift zur Hand. Schreiben Sie nun Ihren Vor- und Nachnamen auf, nicht als Unterschrift, sondern normal geschrieben. Danach nehmen Sie den Stift bitte in die andere Hand und schreiben erneut Ihren Vor- und Nachnamen auf dasselbe Blatt. Wenn ich diese Übung mit meinen Seminarteilnehmern mache, höre ich beim ersten Schritt nichts. Niemand sagt etwas, alle schreiben. Dabei nehmen sie wie selbstverständlich den Stift in ihre gewohnte Hand: Die Rechtshänder schreiben mit rechts, die Linkshänder mit links. Wenn ich dann dazu auffordere, den Stift in die andere Hand zu nehmen, wird es lauter im Raum. Ich höre Aussagen wie »Oh, das kann kein Mensch lesen« oder »Mit der Hand habe ich ja noch nie geschrieben«. Auf den Blättern unterscheidet sich die erste Variante des Namenszuges deutlich von der zweiten. So, wie bei Ihnen sicherlich auch. Den ersten Namenszug haben Sie mit der Hand geschrieben, die Ihrer Vorliebe entspricht. Die meisten präferieren die rechte Hand, andere die linke. Einige wenige können problemlos mit beiden Händen schreiben. Häufig sind das Menschen, die eigentlich Linkshänder sind, denen man jedoch als Kind »antrainiert« hat, mit rechts zu schreiben – obwohl die angeborene Präferenz links war und auch nach wie vor ist. In der Auseinandersetzung mit dem MBTI® geht es darum, herauszufinden, welche Präferenzen Menschen von Natur aus haben. Dass wir selbstverständlich auch Verhaltensweisen und Fähigkeiten ausdrücken, die nicht unseren Präferenzen entsprechen, ist klar. Schließlich *können* Sie sowohl mit Ihrer linken als auch mit der rechten Hand schreiben. Aber Sie *bevorzugen* eine der beiden Hände. Sie schreiben am liebsten mit der rechten oder mit der linken Hand. Und Sie denken, handeln und fühlen am liebsten auf eine bestimmte Art und Weise. Welche das ist, können Sie mit dem MBTI® herausfinden.

Der MBTI® konzentriert sich auf vier Dimensionen, denen jeweils eine Kernfrage zugrunde liegt.

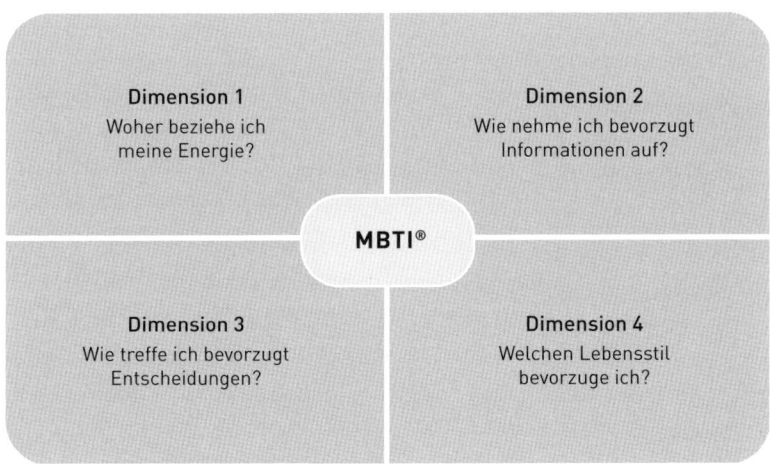

Grafik 8: Die vier Dimensionen des MBTI®

Extraversion	Introversion
Beispielhafte Merkmale:	Beispielhafte Merkmale:
– Nach außen gerichtet	– Nach innen gerichtet
– Viele Kontakte	– Reflektierend
– Austausch mit anderen wichtig, unabhängig vom Thema	– Bringen sich ein, wenn ihnen das Thema wichtig ist
– Gesellig	– Konzentriert
– Erst reden, dann denken	– Erst denken, dann reden

Dimension 1: Woher beziehe ich *überwiegend* meine Energie?

Es geht hier darum, ob ein Mensch eher *extravertiert* ist, also seine Energie aus dem Kontakt mit anderen zieht (**E**-Präferenz), oder ob er eher *introvertiert* ist, seine Energie also aus seinem Inneren schöpft (**I**-Präferenz). Mitarbeiter, die eher extravertiert sind, entwickeln die besten Ideen im Gespräch mit anderen. Sie »denken laut« und entwickeln ihre Gedanken im Austausch weiter. Mitarbeiter, die eher introvertiert sind, kommen mit ihren Ideen um die Ecke, wenn diese schon einen ziemlichen Reifegrad haben. Sie denken zunächst für sich allein, bevor sie auf andere zugehen.

Missverständnisse programmiert: I- versus E-Präferenz

Können Sie sich vorstellen, wie sehr diese beiden Mitarbeiter sich missverstehen können? Derjenige mit der *Präferenz Extraversion* könnte denken: »Wieso kommt der eigentlich immer erst mit seinen Ideen, wenn das Meeting schon fast rum ist? Da kann man sich ja gar nicht mehr einbringen.« Andersherum denkt der Mitarbeiter mit der *Präferenz Introversion* vielleicht: »Der geht mir mit seinem dauernden Geschnatter auf die Nerven. Wenn er eine Idee hat, soll er sie ausarbeiten und nicht tausend Leute stören, indem er sie in die Überlegungen einbezieht.« So kann es gehen: Missverständnisse sind hier oft programmiert. Der Extravertierte hat nicht die Absicht, jemanden zu stören. Für ihn ist es das Normalste der Welt, möglichst viel und oft mit anderen zu sprechen. So lädt der Extravertierte seinen Akku auf, viele Kontakte und viele Gespräche machen ihn zufrieden. Der Introvertierte hingegen lädt seinen Akku auf, indem er »nach innen denkt«. Erst wenn die Gedanken eine gewisse Reife haben, hält er sie für nützlich und bringt sie ein. Dabei ist er durchaus für Anregungen dankbar – aber erst, nachdem er seine Gedanken im Inneren entwickelt hat, nicht vorher. Derselbe Mitarbeiter verhält sich vielleicht wie Herr M. aus Kapitel 2. Er arbeitet möglicherweise in einem Team, das gerne zusammen die Mittagspause verbringt. Lauter Extravertierte, die sich lebendig im Sozialraum über alles Mögliche unterhalten. Da vergeht die Mittagspause wie im Flug. Dass der Introvertierte die Mittagspause am liebsten allein an seinem Schreibtisch verbringt, könnten die anderen so auffassen, als wolle er nichts mit ihnen zu tun haben. Weit gefehlt – der Introvertierte braucht die Mittagspause genau wie alle anderen zur Erholung und zum Auftanken. Er macht das nur anders als seine Kollegen, weil er eine andere Präferenz hat.

Sensing	Intuition
Beispielhafte Merkmale:	Beispielhafte Merkmale
– Über 5 Sinne	– 6. Sinn
– Zahlen, Daten, Fakten	– Vorstellungskraft
– Blick für Details	– Sehen das große Ganze
– Sequenziell	– Assoziativ
– Umsetzungsorientiert	– Ideengenerierend

Dimension 2: Wie nehme ich bevorzugt Informationen auf?

Hier geht es darum, ob ein Mensch eher *sensitiv* über seine fünf Sinne, sprich seine Wahrnehmungskanäle, Informationen aufnimmt (**S**-Präferenz, englisch **s**ensing) oder *intuitiv*, den sechsten Sinn

5 Sinne oder 6. Sinn?

nutzend (**N**-Präferenz, englisch intuition). Menschen mit einer S-Präferenz orientieren sich an dem, was sie sehen, hören, tasten, schmecken oder riechen können. Die Leser, die eine S-Präferenz haben, fragen sich jetzt vielleicht: »Wie soll man denn sonst Informationen aufnehmen?« Für sie ist nämlich kaum vorstellbar, dass es Menschen gibt, die eher ihrem sechsten Sinn als den fünf genannten vertrauen.

Stellen Sie sich folgende Situation vor: Zwei Mitarbeiter nehmen an einer Veranstaltung teil, in der der Vorstand über eine größere Restrukturierung informiert. Ein dritter Kollege, der nicht dabei sein konnte, fragt seine beiden Kollegen später, wie die Veranstaltung war und was es Neues gibt. Der Kollege mit der S-Präferenz antwortet etwa so: »Geplant sind ein Stellenabbau von 20 Prozent innerhalb der kommenden zwei Jahre, das Zusammenlegen von Vertriebsgebieten mit dem Ziel, aus aktuell 14 sieben zu machen, und das Ganze mit einer Ertragssteigerung von 10 Prozent bis Ende 2020. Es gab keine Möglichkeit, Fragen zu stellen, und nach 20 Minuten war die Veranstaltung beendet.« Der Kollege mit der N-Präferenz war in derselben Veranstaltung, beantwortet die Fragen jedoch etwas anders: »Wie zu erwarten war, kommt einiges an Veränderungen auf uns zu. Die Bank will Stellen abbauen und die Anzahl der Vertriebsgebiete halbieren. Es war eine ziemliche Anspannung spürbar, sowohl beim Vorstand als auch bei den Mitarbeitern. Viele hätten sich gewünscht, noch Fragen stellen zu können, aber diese Möglichkeit gab es nicht.« Merken Sie den Unterschied? Die erste Antwort ist viel detaillierter, sie orientiert sich an Zahlen, Daten und Fakten, an dem, was der Mitarbeiter gesehen und gehört hat. Die zweite Antwort beinhaltet die Themen, um die es ging, aber sie klingen eher wie Überschriften, die das große Ganze erfassen. Der sechste Sinn hat den Mitarbeiter die Anspannung spüren lassen, denn Stimmungen kann man mit keinem der fünf Sinneskanäle aufnehmen. Je nach Ausprägung der Präferenzen kann es sogar sein, dass der Mitarbeiter mit der S-Präferenz die Stimmung gar nicht mitbekommen hat, sich sein Kollege dafür an keine konkrete Zahl mehr erinnern kann.

Thinking	Feeling
Beispielhafte Merkmale:	Beispielhafte Merkmale:
– Lösen Probleme durch Logik	– Folgen ihrem Bauchgefühl
– Objektiv	– Subjektiv
– Ergebnisorientiert	– Harmoniebedürftig
– Eher aufgaben- als personen-bezogen	– Auswirkungen auf andere Menschen wichtig
– Sachlich	– Persönlich

Dimension 3: Wie treffe ich bevorzugt Entscheidungen?

Hier geht es um die Gegensatzpaare *Denken* (**T**-Präferenz, englisch **t**hinking) und *Fühlen* (**F**-Präferenz). Menschen mit einer T-Präferenz treffen ihre Entscheidungen mit dem Kopf, stützen ihre Überlegungen auf Tatsachen, analysieren Vor- und Nachteile und erwägen die logischen Konsequenzen ihrer Entscheidung. Mit ihr soll ein bestimmtes Ergebnis erzielt werden. Menschen mit einer F-Präferenz entscheiden aus dem Bauch heraus. Sie überlegen, welche Auswirkungen ihre Entscheidungen auf andere Menschen haben, und versetzen sich in deren Lage. Bei ihren Entscheidungen achten sie sehr darauf, dass diese ihren Werten gleichkommen. Die Entscheidung soll ihrem Bedürfnis nach Harmonie entsprechen.

Logik oder Bauchgefühl?

Stellen Sie sich ein Unternehmen vor, das seine Aufbauorganisation verändert und zu diesem Zweck eine Abteilung auflöst. Den

Mitarbeitern werden jeweils zwei Jobs zur Auswahl angeboten. Der Mitarbeiter mit einer T-Präferenz wird seine Entscheidung zum Beispiel davon abhängig machen, ob die neue Aufgabe zu seiner Vita passt, wie die Verdienstmöglichkeiten sind und ob der Anfahrtsweg zumutbar ist. Der Mitarbeiter mit einer F-Präferenz wird sich primär dafür interessieren, wie seine künftigen Kollegen sind und ob die Funktion sich mit seinen Werten vereinbaren lässt. Das Gefühl, das er im Gespräch mit dem möglichen neuen Vorgesetzten entwickelt, wird seine Entscheidung maßgeblich beeinflussen. Beide Mitarbeiter stehen vor derselben Entscheidung, aber ihre Kriterien sind andere beziehungsweise folgen einer anderen Priorisierung. Dem Mitarbeiter mit der T-Präferenz ist es vermutlich auch nicht egal, wie der neue Chef ist, aber wichtiger ist ihm, ob die Aufgabe stimmt.

Judging	Perceiving
Beispielhafte Merkmale:	Beispielhafte Merkmale:
– Planerisch	– Fühlen sich durch Pläne eingeengt
– Organisieren ihr Leben	– Spontan
– Methodische Vorgehensweise	– Offen für Veränderungen im Ablauf
– Entscheiden schnell durch Abgleich mit ihrem Plan	– Konzentrieren sich auf Prozess statt auf Plan
– Vermeiden Zeitdruck, indem sie genau planen	– Geraten kurz vor dem Ziel oft unter Zeitdruck
– Erleben Zeitdruck in letzter Minute als Stress und verlieren dann an Leistungsstärke	– Entwickeln unter Zeitdruck hohe Leistungsstärke

Dimension 4: Welchen Lebensstil bevorzuge ich?

Die Gegensatzpaare sind hier *Urteilen* (**J**-Präferenz, englisch judging) und *Wahrnehmen* (**P**-Präferenz, englisch **p**erceiving). Menschen mit einer J-Präferenz mögen klare Regelungen, feste Strukturen und Pläne. Es stört sie, wenn Unvorhergesehenes ihre Pläne durchkreuzt. Menschen mit einer P-Präferenz fühlen sich durch Pläne eingeengt. Sie entscheiden im Prozess, was zu tun ist, und vertrauen dabei auf ihre Spontaneität und Flexibilität. Da sie kaum Pläne nutzen, geraten sie oft in Zeitdruck, der sie allerdings zur Höchstform auflaufen lässt.

Mitarbeiter mit einer J-Präferenz mögen Arbeitstage, die nach Plan verlaufen und zu einem großen Teil selbstbestimmt sind. Dass Kunden Termine vereinbaren, finden sie gut, denn so können sie sich auf die Gespräche vorbereiten und die Zeit entsprechend einplanen. Mitarbeitern mit

Exakt vorbereitet oder spontan?

einer P-Präferenz gefällt es viel besser, wenn Kundengespräche spontan stattfinden und sie sich ohne Vorbereitung ins Gespräch stürzen können. Stellen Sie sich vor, diese beiden Kollegen arbeiten gemeinsam in einem Projekt. Der eine möchte möglichst viel und genau planen, der andere behält zwar den Endtermin im Blick, gestaltet aber den Weg dahin flexibel. Den Zeitdruck am Ende ahnt der Mitarbeiter mit der P-Präferenz zwar, weiß aber genau, dass ihn das enorm anspornt und das Ergebnis keinesfalls darunter leiden wird. Der Kollege mit der J-Präferenz tut alles, um Zeitdruck zu vermeiden, und wird es seinem Kollegen sehr verübeln, wenn Stress durch einen Mangel an Planung zum Schluss doch noch entsteht. Denn er arbeitet unter Zeitdruck schlecht. Tja, Menschen sind eben unterschiedlich.

Je nach Präferenz in den einzelnen Dimensionen ergeben sich vier Buchstaben, die einen Präferenztypen kennzeichnen. Der eine kann zum Beispiel ISTJ sein, der andere ENFP. Sie können sich vorstellen, dass diese beiden Menschen sehr unterschiedlich ticken und in der Zusammenarbeit durchaus Konfliktpotenzial besteht.

TOP-Arbeitnehmer suchen in Modellen Erklärungen für die Unterschiede zwischen Menschen und nutzen diese, um die Zusammenarbeit konstruktiv und möglichst störungsfrei zu gestalten. Denn sie wissen, dass sowohl die Zufriedenheit als auch der Erfolg aller Beteiligten maßgeblich durch eine gute Zusammenarbeit gestützt werden. Dass das nicht immer ohne Reibung und Konflikte geht, ist klar. Aber mit den Modellen und dem nötigen Verständnis für Andersartigkeit im Gepäck lassen sich Probleme kompetent lösen.

Emotionale Phasen der Veränderung

Veränderungen hat es immer gegeben und ein Leben ohne Veränderungen ist unmöglich. Das gilt für jedes Unternehmen und für jeden Menschen. Meine Ausführungen zu VUKA machen deutlich, dass unsere Arbeitswelt eine Veränderungsgeschwindigkeit entwickelt hat, die deutlich höher ist als früher. Es vollziehen sich mehr Veränderungen innerhalb kürzerer Zeiträume. Das zu akzeptieren, ist das eine, damit umzugehen, das andere. Je nach individueller Betroffenheit, die eine Veränderung für Mitarbeiter mit sich bringt, reagieren diese mit zum Teil heftigen Emotionen.

TOP-Arbeitnehmer arbeiten an ihrer Kompetenz, sich selbst in diesen emotionalen Prozessen zu steuern. Das Wissen um typische Verläufe schützt sie nicht vor deren Auftreten, aber es befähigt sie, sich schneller durch die unschönen Phasen zu führen, damit sie möglichst bald wieder an den Punkt von Zufriedenheit und Erfolg gelangen. Feiglinge hingegen setzen sich mit allgemeingültigen Theorien gar nicht erst auseinander, sondern erleben jeden Veränderungsprozess als einmalig dramatisch und ihr persönliches Schicksal ausschließlich fremdbestimmt. Wer jedoch die Macht über sich selbst abgibt, macht sich zum Verlierer des Systems, in dem er arbeitet. Bei aller Veränderungsgeschwindigkeit vergessen TOP-Arbeitnehmer nicht, dass sie selbst für ihre Emotionen verantwortlich sind. Sie können selten die Veränderung an sich beeinflussen, aber die Art ihres Umgangs damit sehr wohl.

Das Change-Management-Modell von Richard K. Streich beleuchtet die emotionalen Reaktionen auf Veränderungen und veranschaulicht sie in sieben Phasen. In meiner Darstellung sowie in meinen Ausführungen lehne ich mich an das Modell von Streich an, erweitere es jedoch um eine vorgeschaltete Phase.

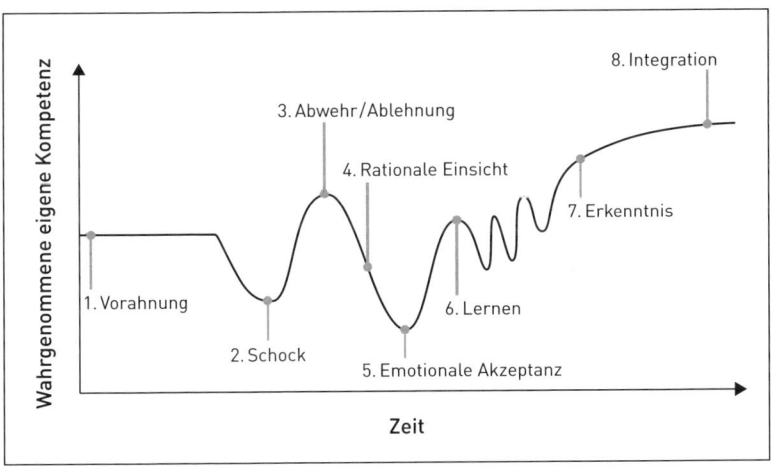

Grafik 9: Phasen der Veränderung in Anlehnung an R. K. Streich

In der Kurve steht die Hochachse für die eigene *Kompetenz*, die sich ein Mitarbeiter während der Veränderung zuschreibt. Es geht also um Fragen wie »Wie kompetent gehe ich aktuell mit der Veränderung um?« oder »Wie gut und schnell kann ich mich der neuen Situation anpassen?«. Die

Die acht Phasen der Veränderung

Rechtsachse erfasst den Faktor *Zeit*. Hier fehlen bewusst konkrete Wochen- oder Monatsangaben, weil die Dauer der Phasen sehr unterschiedlich verläuft. Sie hängt von der Relevanz der Veränderung für den Einzelnen ab, von der professionellen Begleitung durch das Unternehmen und von der individuellen Fähigkeit des Mitarbeiters, sich selbst durch diesen Prozess zu steuern.

Phase 1: Vorahnung, Sorge

Die wenigsten Change-Prozesse bleiben geheim und kommen für die Betroffenen plötzlich und völlig überraschend. Meistens bahnt sich eine Veränderung schleichend an, die ersten Gerüchte wabern durchs Unternehmen, lang bevor es offizielle Informationen dazu gibt. Das kann schlichtweg daran liegen, dass irgendjemand entgegen einer Vereinbarung Informationen ausgeplaudert hat, die er nicht hätte ausplaudern dürfen. Oder Mitarbeiter ahnen, dass sich etwas verändern wird, einfach weil sie eins und eins zusammenzählen. Da kommt zum Beispiel ein neuer Vorstand ins Haus und seine Vita verrät, dass er jeden seiner bisherigen Vorstandsposten mit einer umfangreichen Restrukturierung gestartet hat. Die Wahrscheinlichkeit ist also hoch, dass er das nun erneut tun wird, auch wenn er dazu offiziell noch gar nichts hat verlauten lassen.

Veränderungen kündigen sich an

Ich nehme diese Phase in das Modell von Streich auf, weil Mitarbeiter bereits ab dem Zeitpunkt, an dem sie eine Vorahnung entwickeln und sich möglicherweise Sorgen machen, nicht mehr mit voller Energie ihren Job ausfüllen. Die Leistung leidet darunter, denn ungute Vorahnungen in Verbindung mit Sorgen sind kein guter Begleiter für Zufriedenheit und Erfolg. Doch wie gehen TOP-Arbeitnehmer mit der Situation um? Sobald sie die ersten Glocken der Veränderung läuten hören, sprechen sie ihren Vorgesetzten an und fragen, ob an dem Gerücht oder der Vermutung etwas dran ist. Falls die Frage verneint wird *und* der TOP-Arbeitnehmer seinem Chef vertraut, akzeptiert er die Antwort und konzentriert sich auf seine Arbeit. Zweifelt er die Antwort seines Chefs an, versucht er andere Informationsquellen anzuzapfen oder akzeptiert, dass im jetzigen Stadium keine offiziellen Informationen zu bekommen sind. Er hält sich auf jeden Fall aus der Gerüchteküche des Unternehmens raus, weil er nicht noch mehr Unruhe schüren möchte. Wann immer er über den Flurfunk Sorgen über einen möglichen größeren Change-Prozess aufnimmt, versucht er die Gemüter seiner Kollegen auf den Boden der Tatsachen zurückzuholen. Denn Fakt ist nun einmal, dass keiner weiß, ob es tatsächlich zeitnah zu einer umfangreichen Veränderung kommen wird.

Belastend sind in dieser Phase die Undercover-Mitarbeiter, die als besondere Spezies der Feiglinge gerne im Untergrund agieren. Sie feuern die Sorge einer bevorstehenden Veränderung an und beteiligen sich mit viel

Undercover-Mitarbeiter verbreiten Horror-szenarien

Energie an den unterschiedlichsten Horrorszenarien. »Vermutlich wird unsere Abteilung vollständig aufgelöst. Alles, was unser Chef uns erzählt, stimmt eh nicht. Der weiß garantiert Bescheid, hält uns aber dumm.« Solche und ähnliche Sätze hört man hinter den Kulissen. Zum Chef gehen und fragen? Ein No-Go für Feiglinge. Die Mitläufer fallen an dieser Stelle noch nicht besonders auf. Sie sind zwar ebenfalls in Sorge, haben aber eher die Haltung »Egal, was kommt, ich kann es eh nicht beeinflussen«. Stimmt. »Es« können sie nicht beeinflussen, aber »sich« schon. Und das wird spätestens in der nächsten Phase wichtig sein.

Phase 2: Schock

Wenn die Mitarbeiter über die geplante Veränderung informiert werden, reagieren sie meistens überrascht oder schockiert. Je nach Ausmaß der Veränderung wirkt die Information nahezu erschlagend und die Mitarbeiter schwanken zwischen Fassungslosigkeit und Angst. »Das kann doch nicht wahr sein« ist der Satz, der die innere Empörung trefflich beschreibt. TOP-Arbeitnehmer sind dabei nicht weniger schockiert als die Feiglinge. Aber sie besinnen sich schneller auf sich selbst, indem sie sich bewusst machen, wie viele und welche Veränderungen sie bereits gemeistert haben. Sie greifen auf ihre Erfahrungen zurück und verbinden ihre Angst mit der Zuversicht, dem gewachsen zu sein, was kommt – auch wenn das noch keine klare Kontur hat. Ihr Leistungsniveau ist deutlich eingeschränkt, weil sie sehr mit sich und ihren Ängsten beschäftigt sind. Aber sie verlieren ihre Leistung dennoch nicht aus dem Blick und investieren trotzdem Energie in ihren Job und in ihre Fähigkeit, positiv mit der Veränderung umzugehen. Feiglinge lassen sich eher hängen und verlieren sich in ihrer Angst. Zuversicht entwickeln sie an der Stelle kaum. Sogar der Mitläufer verfällt in eine Schockstarre, aus der er sich oft lange nicht befreien kann.

Phase 3: Ablehnung

In dieser Phase schließen sich Mitarbeiter oft zu Feinden der Veränderung zusammen. »Das haben wir doch schon immer so gemacht, und was sich die da oben jetzt vorstellen, geht überhaupt nicht.« Das sind Sätze, die erkennen lassen, dass die Veränderung schlichtweg abgelehnt und sogar als Unsinn abgestempelt wird. Eine angekündigte Schließung von mehreren Filialen wird zum Beispiel als völlig falsche Entscheidung abgetan. »Wenn die erst mal merken, dass dadurch Kunden abwandern, drehen die die Sache ganz schnell zurück.« Das ist natürlich Augenwischerei und gleichzeitig eine Abwertung derer, die die Entscheidung getroffen und lange abgewogen haben. In der Phase der Ablehnung wird die avisierte Veränderung klar verneint. Die Leistung der Mitarbeiter kann in dieser Phase trotzdem hoch sein, denn sie wollen noch einmal so richtig zeigen, dass das bestehende System seine Berechtigung hat und erfolgreich ist. So gehen die Umsätze einer Filiale kurz nach Ankündigung ihrer Schließung häufig noch einmal deutlich nach oben. Das ist aber nur ein kurzer und vorübergehender Effekt, der aus der Verteidigung des Alten und der Ablehnung des Neuen resultiert.

Daran beteiligen sich auch TOP-Arbeitnehmer. Sie werten dabei aber die Entscheider nicht ab, sondern räumen ein, dass diese qua ihrer Funktion höchstwahrscheinlich besser wissen, was für das Unternehmen sinnvoll ist, auch wenn sie selbst die Entscheidung anders getroffen hätten. Und was machen die Feiglinge in der Phase? Die Undercover-Mitarbeiter boykottieren die Veränderung regelrecht, indem sie ihre Ablehnung allen anderen betroffenen Kollegen gegenüber immer und immer wieder kundtun. Natürlich hinter den Kulissen, undercover eben. Bei öffentlichen Info-Veranstaltungen zum geplanten Change-Projekt halten sie sich zurück. Fragen in öffentlicher Runde stellen sie nicht und Kritik üben sie null. Die Mitläufer solidarisieren sich in dieser Phase häufig mit den Undercover-Mitarbeitern. Sie boykottieren zwar nicht aktiv im Hintergrund, stellen sich den Undercover-Mitarbeitern aber als bereitwillige Zuhörer zur Verfügung. Im eigenen Interesse wäre es besser für die Mitläufer, sich an den TOP-Arbeitnehmern zu orientieren, um selbst schneller in Phase 8 zu kommen. Denn das ist das Ziel des TOP-Arbeitnehmers: Er will sich der Veränderung nach bestem Wissen und Gewissen anpassen und

Boykottversuche

sie mitgehen. Schließlich ist es sein Ziel, so bald wie möglich innere Zufriedenheit zu erlangen und seinen und den Erfolg des Unternehmens aktiv mitzugestalten.

Phase 4: Rationale Einsicht

Notwendigkeiten erkennen

Licht am Ende des Tunnels! Mitarbeiter räumen in dieser Phase die Notwendigkeit der Veränderung kognitiv ein. Sie akzeptieren, dass sie die Veränderung nicht aufhalten können und ihre Energie an der Stelle verschwenden. Da der TOP-Arbeitnehmer reflektiert mit den bisherigen Phasen umgegangen ist, kommt er früher zu dieser rationalen Einsicht. Eine genaue Vorstellung, wie er die Veränderung umsetzen kann, fehlt noch, daher sind die Anpassungsleistung und auch die tatsächliche Leistung im Job in dieser Phase eher niedrig. Aber der TOP-Arbeitnehmer ist offen für den Change und arbeitet an seiner Kompetenz, den Prozess mitzugehen. Das kommt den Feiglingen nicht in den Sinn. Während der TOP-Arbeitnehmer längst auf dem Sprung in die nächste Phase ist, hängen sie vielleicht sogar noch in Phase 3.

Phase 5: Emotionale Akzeptanz

Der Durchbruch! Diese Phase ist als entscheidender Wendepunkt im Verlauf des emotionalen Prozesses zu sehen. Die innere Ablehnung verschwindet und der Mitarbeiter öffnet sich allmählich für das Neue. Er spürt, dass es an der Zeit ist, von gewohnten Verhaltensweisen abzulassen und neue zu lernen. So positiv das auch klingen mag, darf eins nicht vergessen werden: Diese Phase ist von einer tiefen Traurigkeit gekennzeichnet, denn es geht um Loslassen und Abschiednehmen. Bei der Schließung einer Filiale kann das für Mitarbeiter bedeuten, von ihren Kollegen Abschied zu nehmen, von Kunden, von vertrauten Räumlichkeiten oder Arbeitsweisen. Neben dieser Traurigkeit fühlen sich Mitarbeiter in Bezug auf das Neue oft, als stünden sie vor einem riesigen Berg großer Anforderungen, von denen sie nicht wissen, wie diese genau aussehen.

Trauer und auch Traurigkeit sind Gefühle, die Energie binden, daher wundert es nicht, dass die Wahrnehmung der eigenen Kompetenzen in dieser Phase sehr niedrig ist. Die Trauer trübt das Vertrauen in die Fähigkeit, **Trauer bindet Energie** den neuen Anforderungen erfolgreich zu begegnen. In dieser Phase lassen sich TOP-Arbeitnehmer und Feiglinge in ihrem Verhalten kaum voneinander unterscheiden. Beide Arbeitnehmertypen wirken in ihrer Leistungsenergie eher gebremst, emotional sehr betroffen durch die Auswirkungen der Veränderung und deutlich mit sich selbst beschäftigt. Der Blick nach vorne stellt sich in dieser Phase beim TOP-Arbeitnehmer schneller ein und fällt positiver aus als beim Feigling. Der TOP-Arbeitnehmer findet schneller Zugang zu seinen Ressourcen. Er hat eher das Selbstbewusstsein und die Zuversicht, seinen Erfolg auch in Zukunft gestalten zu können. Aber das erfährt man nur, wenn man genau hinschaut und ihn fragt, denn in der Phase der Traurigkeit findet viel mehr im Inneren statt, als wir von außen erkennen können – sogar bei durchaus extravertierten Menschen.

Phase 6: Lernen

Jetzt kommt Bewegung in die Sache. Mitarbeiter entwickeln eine Neugier auf das Zukunftsbild und sind bereit, neue Verhaltensweisen zu lernen, die zur Umsetzung der Veränderung notwendig sind. Die Kurve der Leistung und Kompetenz schwankt hier, denn zum

Lernen gehört auch das Umgehen mit Fehlern, und die passieren natürlich vor allem am Anfang. Aber Mitarbeiter entwickeln auch Stolz in dieser Phase. Stolz über jeden Lernerfolg und Stolz über ihre Anpassungsleistung in diesem Veränderungsprozess. Die eigene Kompetenz wird wieder höher eingeschätzt, das Selbstvertrauen wächst. TOP-Arbeitnehmer investieren viel Energie in diese Phase, denn Zufriedenheit und Erfolg haben nach wie vor eine enorme Sogwirkung für sie. Wenn sie Fehler machen, spornt es sie an, diese künftig zu vermeiden. Feiglinge hingegen nehmen jeden Fehler zum Anlass, zu betonen, dass früher alles einfacher und besser war. Die Fehlerursachen werden in der Veränderung gesucht, nicht in der Umsetzung durch sie selbst. Ihr Motto ist:»Schuld sind auf jeden Fall die anderen, die die Veränderung veranlasst haben.«

Phase 7: Erkenntnis

Diese Phase beschreibt die Verstetigung des Gelernten. Mitarbeiter erkennen, dass das Neue funktioniert und sich tatsächlich umsetzen lässt. TOP-Arbeitnehmer verstehen spätestens jetzt, warum die Veränderung notwendig war, und akzeptieren deren Auswirkungen, ohne dabei die rosarote Brille aufzusetzen. Die Mitläufer unter den Feiglingen halten sich – wie immer – mit ihrer Meinung vollständig zurück. Man weiß nicht, wie sie inzwischen zu der Veränderung stehen und wie sie innerlich damit zurechtkommen. Sie machen einfach mit – mal gut und mal weniger gut. Die Undercover-Mitarbeiter finden an den neuen Arbeitsprozessen und Strukturen schnell etwas zu kritisieren. Selbstverständlich folgen sie ihrem hohen Grad an Mitteilungsbedürfnis und wenden sich an Personen, die garantiert keinen Einfluss auf die Kritikpunkte nehmen können. Sehr schade, vor allem, wenn wichtige und wertvolle Kritik dabei ist.

Phase 8: Integration

Es ist vollbracht! Die Veränderung gilt als vollzogen, die neuen Verhaltensweisen und Rahmenbedingungen sind verinnerlicht. Die Veränderung wird kaum noch als solche

Das Neue verinnerlichen

wahrgenommen, sie ist vielmehr zur neuen Realität geworden. Über alle Phasen hinweg ist es dem TOP-Arbeitnehmer gelungen, seinen persönlichen Prozess so gut wie möglich zu beeinflussen und angemessen zu beschleunigen, ohne dabei Gefühle zu verdrängen. Denn die Bewältigung einer jeden Phase ist notwendig, um in die nächste zu gelangen. Feiglinge stolpern eher durch die Phasen, sie tun sich schwer, ihre Emotionen zu verarbeiten – häufig, weil ihnen die Fähigkeit zur Reflexion fehlt. Ihre Tendenz, sich stets als Opfer zu fühlen, schwächt ihr Selbstmanagement. Sie fühlen sich jeder Veränderung hilflos ausgeliefert und bleiben vor allem in den Phasen 2 und 3 unnötig lange hängen. Sich durch einen größeren Veränderungsprozess zu steuern, erfordert eine gehörige Portion Courage. Es kann sogar sein, dass ein Mitarbeiter während eines Change-Prozesses für sich die Erkenntnis gewinnt, dass er die Veränderung nicht mitgehen kann oder möchte. Diese Klarheit gepaart mit Courage führt dann in letzter Konsequenz häufig zur Kündigung. Wenn das der Weg zu Zufriedenheit und Erfolg ist, zögern TOP-Arbeitnehmer nicht, ihn zu gehen.

Für den schnellen Leser

- TOP-Arbeitnehmer nutzen Theoriemodelle als Erklärung für unsere Arbeitswelt und das Verhalten von Menschen.

- Wer begreift, was passiert, versteht besser und handelt überlegter.

- Ein Unternehmen muss VUKA als Realität akzeptieren und braucht Mitarbeiter, die das ebenfalls tun.

- TOP-Arbeitnehmer wissen, dass Mobilität und Flexibilität die Chancen in unserer Arbeitswelt erhöhen.

- TOP-Arbeitnehmer verstehen sich als Erfolgs- und Beziehungsgestalter.

- TOP-Arbeitnehmer nutzen mindestens ein Persönlichkeitsmodell, um sich und andere besser zu verstehen.

- TOP-Arbeitnehmer werten Andersartigkeit weder auf noch ab. Sie akzeptieren sie und begegnen ihr dank ihres Werkzeugkoffers auf kompetente Weise.

- Je deutlicher sich eine Veränderung auswirkt, desto intensiver sind die Emotionen, die sie hervorruft.

- TOP-Arbeitnehmer durchlaufen die emotionalen Phasen der Veränderung bewusst und steuern sich reflektiert durch den Prozess.

- Feiglinge sehen sich als Opfer von Veränderungen und machen die Entscheider für ihre Gefühle verantwortlich.

- Undercover-Mitarbeiter blockieren Veränderungsprozesse.

- TOP-Arbeitnehmer sind nicht per se Befürworter von Veränderung, aber sie arbeiten an ihrer Haltung zu Veränderungen und stellen sich ihnen mit Klarheit und Courage.

Schlusswort

Den Sinn meines beruflichen Handelns sehe ich darin, Menschen in ihrer Entwicklung zu unterstützen, damit sie beruflich zufrieden und erfolgreich agieren können. Der Schlüssel für die eigene Entwicklung ist zunächst das Bewusstsein, diese maßgeblich selbst in der Hand zu haben, und gleichzeitig die Erkenntnis, zuzulassen, dass niemand – kein Chef, kein Kollege und kein Arbeitgeber – über unseren beruflichen Weg bestimmt. Sie beeinflussen ihn natürlich, das steht außer Frage, aber am Steuer unseres Berufslebens sitzen wir selbst.

Jeder sitzt am Steuer seines Lebens

Im Trubel unserer Arbeitswelt gerät dieses Bewusstsein oft ins Hintertreffen oder wird schlimmstenfalls völlig vergessen. Da fühlen sich Menschen als Opfer widriger Umstände, beklagen die x-te Restrukturierung und die Ungerechtigkeiten bei der Besetzung neuer Stellen. Sich als Opfer und Spielball der Arbeitswelt zu fühlen, kann nicht zufrieden und erfolgreich machen. Berufstätige, die mit diesem Gefühl durch die Arbeitswelt laufen, werden immer unzufriedener. Ganz nach dem Motto »Thank God it's Friday« oder »Oh nein, schon wieder Montag« fressen sie ihren Missmut in sich hinein oder nörgeln ständig herum, wodurch sie andere oft ebenfalls mit herunterziehen.

 **Unzufriedenheit in Unternehmen ist wie ein Virus, der um sich greift. Er verhindert Erfolg, blockiert Veränderung und nimmt letztendlich die Lebendigkeit, die jedes Unternehmen für sein Bestehen braucht.**

Mein Buch ist ein Appell an alle Mitarbeiter, sich mit Klarheit und Courage ans Steuer ihres beruflichen Lebens zu setzen und immer das Ziel im Blick zu behalten. Die angestrebte Richtung heißt Zufriedenheit und Erfolg. Auf dem Weg dorthin geht es immer wieder um zwei Kernfragen: Wie können Sie selbst dafür sorgen, zufrieden mit Ihrem Job zu sein, und wann sagen Sie von sich selbst, dass Sie erfolgreich sind? Es geht nicht darum, was *andere* tun können, müssen oder sollen, um *Sie* zufrieden zu machen. Es geht auch nicht darum, ob andere Sie für erfolgreich halten.

Die Richtung heißt Zufriedenheit und Erfolg

Es geht um *Ihr* ureigenes Selbstverständnis. Wer ein klares Selbstverständnis, also die Klarheit über sich selbst, entwickelt hat, braucht Courage, um sich dafür starkzumachen. Denn erst das gelebte Selbstverständnis gibt Zufriedenheit und Erfolg eine Chance. Solange die Antworten auf die beiden Kernfragen nur in Ihrem Kopf beantwortet sind, also zu keinerlei Handlungen führen, sitzen Sie nicht wirklich am Steuer Ihres beruflichen Lebens. Sie denken lediglich darüber nach. Losfahren bedeutet aber, Einfluss zu nehmen und mitzugestalten, was um Sie herum passiert. Losfahren bedeutet, klar und couragiert zu sein und deutlich zu sagen, welchen Job Sie gerne hätten. Abzuwägen, was zu tun ist, falls sich Ihre eigenen Vorstellungen aktuell nicht verwirklichen lassen. Kritik zu üben und anzunehmen. Oder mit dem Kollegen mal ordentlich Klartext zu reden.

Wer Verantwortung für seine Zufriedenheit übernimmt, sich mit Klarheit und Courage für die eigenen Vorstellungen und Wünsche ins Zeug legt, hat die besten Chancen, persönlichen Erfolg zu erzeugen. Das, lieber Leser, liebe Leserin, macht einen TOP-Arbeit-nehmer aus.

Mein Buch soll Ihnen die Power geben, die Sie brauchen, um über-zeugt sagen zu können: *Ich* sitze am Steuer und mache das Beste aus meinem Job.

Anhang

Literatur

Borbonus, René: *Klarheit: Der Schlüssel zur besseren Kommunikation.* Berlin: Econ / Ullstein 2015

Grundl, Boris: *Verstehen heißt nicht einverstanden sein.* Berlin: Econ 2017

Hofert, Svenja und Visbal, Thorsten: *Die Teambibel.* Offenbach: GABAL 2015

Ion, Frauke: *Handbuch der Persönlichkeitsanalysen: Die führenden Tools im Überblick.* Offenbach: GABAL 2015

Ion, Frauke: *Ich sehe was, was du nicht siehst: Durch Perspektivenwechsel zu besseren Ergebnissen.* Offenbach: GABAL 2014

Janssen, Bodo; Grün, Anselm; Carstensen, Regina: *Stark in stürmischen Zeiten: Die Kunst sich selbst und andere zu führen.* München: Ariston / Random House 2017

Kotter, John und Rathgeber, Holger: *Das Pinguin Prinzip.* München: Droemer Knaur 2006

Kreher, Antje: *Wie funktioniert eine Gruppe? Gruppenmodelle nach Tuckman und Cohn.* München: GRIN 2011

Löhken, Sylvia: *Leise Menschen – gutes Leben.* Offenbach: GABAL 2017

Lorenz, Thomas und Oppitz, Stefan: *30 Minuten Selbst-Bewusstsein.* Offenbach: GABAL 2011

Scheller, Torsten: *Auf dem Weg zur agilen Organisation.* München: Vahlen 2017

Scherer, Hermann: *Glückskinder.* Frankfurt: Campus 2016

Schulz von Thun, Friedemann: *Miteinander reden 1–4: Störungen und Klärungen / Stile, Werte und Persönlichkeitsentwicklung / Das Innere Team und situationsgerechte Kommunikation / Fragen und Antworten.* Reinbek: Rowohlt 2014

Vogel, Melanie: *Futability®.* Bonn: Selbstverlag 2016

Watzlawick, Paul; Beavin, Janet H.; Jackson, Don D.: *Menschliche Kommunikation. Formen, Störungen, Paradoxien.* Bern: Hans Huber 2000

Register

Die Autorin

Nicole Pathé ist seit über zwanzig Jahren selbstständige Beraterin, Trainerin, Coach und Speakerin. Mit ihrer Firma *pingcom* und ihrem Team hat sie sich auf Personal- und Organisationsentwicklung spezialisiert und bisher mehr als 1500 Teams, 10 000 Mitarbeiter und 3000 Führungskräfte professionell begleitet. Zu ihren Kunden gehören mittelständische Unternehmen unterschied-licher Branchen sowie Unternehmen aus dem Finanzdienstleistungsbereich. Im Herbst 2017 erschien ihr erfolgreiches Buch »Feigling oder Führungskraft? – Wie Sie mit Klarheit und Courage Menschen gewinnen«.

Seit 1988 ist Nicole Pathé selbst Führungskraft. Von 1990 bis 1994 war sie Leiterin des Bereichs Managemententwicklung und -training der Citibank in Düsseldorf. Die gelernte Bankkauffrau absolvierte zahlreiche Weiterbildungen. Sie qualifizierte sich mehrere Jahre im Bereich der Transaktionsanalyse und erwarb die Bescheinigung über Transaktionale Praxiskompetenz im Anwendungsfeld von Organisationen (DGTA). Darüber hinaus absolvierte sie Lizenzierungen als Reiss-Motivation-Profile®-Masterin, LUXXprofile-Masterin, TMS-Trainerin, MBTI®-Anwenderin sowie als NLP-Practitionerin. Damit lebt sie als Beraterin, Trainerin und Coach das, was sie Mitarbeitern und Führungskräften mit auf den Weg gibt: Die persönliche Entwicklung hört niemals auf und es liegt an jedem selbst, sie zu fördern und zu nutzen. Sie berät Unternehmen in Fragen einer zeitgemäßen Personalentwicklung und beim Einsatz moderner Instrumente, anhand derer sich die Belegschaft gezielt qualifizieren kann. Ziel ist dabei, das Verhalten der Mitarbeiter und Führungskräfte so zu professionalisieren, dass es der eigenen Persönlichkeit entspricht und gleichzeitig den Anforderungen unserer Arbeitswelt begegnet.

Die Unternehmen schätzen Nicole Pathés klare und couragierte Art. Sie nennt die Dinge beim Namen, ist häufig schonungslos ehrlich, ohne dabei an Menschlichkeit zu verlieren. Sie schafft es, fachliche und emotionale Kompetenz zu vereinen und Menschen in Unternehmen als Mitgestalter von Erfolg zu begeistern. Ihr Credo lautet: Wer versteht, was läuft, kann wirklich etwas bewegen.

www.pingcom.de

Dein Erfolg

Erprobte Strategien, die Ihnen auf dem Weg zum Erfolg hilfreiche Abkürzungen bieten.

Tobias Beck
Unbox your Life!

ISBN
978-3-86936-869-6
€ 19,90 (D)
€ 20,50 (A)

Monika Matschnig
**Körpersprache.
Macht. Erfolg.**

ISBN
978-3-86936-906-8
€ 25,00 (D)
€ 25,80 (A)

Aaron Brückner
Sei der CEO deines Lebens!
ISBN 978-3-86936-907-5
€ 22,00 (D) / € 22,70 (A)

Cordula Nussbaum
LMAA
ISBN 978-3-86936-872-6
€ 17,00 (D) / € 17,50 (A)

Stephen R. Covey
Die 7 Wege zur Effektivität
ISBN 978-3-86936-894-8
€ 24,90 (D) / € 25,60 (A)

Max Finzel
Der Traum in dir
ISBN 978-3-86936-871-9
€ 19,90 (D) / € 20,50 (A)

Ilja Grzeskowitz
Radikal menschlich
ISBN 978-3-86936-870-2
€ 22,90 (D) / € 23,60 (A)

Friedbert Gay, Debora Karsch
**Das persolog®
Persönlichkeits-Profil**
ISBN 978-3-86936-929-7
€ 34,90 (D) / € 35,90 (A)

Alle Titel auch als E-Book erhältlich

gabal-verlag.de